U0320450

"十三五"江苏省重点学科建设专项经费资助（20160838）
江苏警官学院科研创新团队项目（2018SJYTD15）

物联网的安全挑战与应对

斯里迪普塔·米斯拉

【加拿大】　穆图库马鲁·马赫斯瓦兰　著

萨尔曼·哈希米

刘琛　译

中国人民公安大学出版社

·北 京·

著作权合同登记号　图字：01–2020–2505

图书在版编目（CIP）数据

物联网的安全挑战与应对 /（加）斯里迪普塔·米斯拉，（加）穆图库马鲁·马赫斯瓦兰，（加）萨尔曼·哈希米著；刘琛译.
——北京：中国人民公安大学出版社，2020.3
书名原文：Security Challenges and Approaches in Internet of Things
ISBN 978–7–5653–3865–6

①物…Ⅱ.①斯…②穆…③萨…④陈…Ⅲ.①互联网络 – 应用 – 安全技术 – 研究②智能技术 – 应用 – 安全技术 – 研究Ⅳ.①TP393.408②TP18

中国版本图书馆 CIP 数据核字（2020）第 043055 号

物联网的安全挑战与应对

（加）斯里迪普塔·米斯拉，（加）穆图库马鲁·马赫斯瓦兰，（加）萨尔曼·哈希米　著

刘琛　译

出版发行：中国人民公安大学出版社
地　　址：北京市西城区木樨地南里
邮政编码：100078
印　　刷：天津盛辉印刷有限公司

版　　次：2020年6月第1版
印　　次：2020年6月第1次
印　　张：5.125
开　　本：880毫米×1230毫米　1/32
字　　数：118千字

书　　号：ISBN 978–7–5653–3865–6
定　　价：50.00元

网　　址：www.cppsup.com.cn　www.porclub.com.cn
电子邮箱：zbs@cppsup.com.cn　zbs@cppsu.edu.cn

营销中心电话：010–83903254
读者服务部电话（门市）：010–83903257
警官读者俱乐部电话（网购、邮购）：010–83903253
电子音像与数字出版分社电话：010–83903341

目　　录

第1章 序 言

在未来几十年内，几乎所有的工业产品都将应用计算机技术。

——1966年，卡尔·斯泰因，德国计算机科学先驱

卡尔·斯泰因（Karl Steinbuch）的这一愿景在数十年前就已经实现，不但如此，随着物联网（Internet of Things，IoT）技术的出现，"互联互通"这一概念的内涵也正在被重新定义。智能手机、平板电脑以及超便携笔记本电脑的出现，已经彻底颠覆了人们相互沟通的方式、时间和地点，传感器和其他联网终端的制造商正在寻找一种更为复杂的设备生态系统，从而把互联互通推进到一个更高的水平。预计到2020年，全世界将有500亿台联网设备[99]，这意味着任何能够从网络中获益的设备都将联网。传统互联网向新兴物联网的这种快速演变，使得人们能够探索很多以前无法想象的应用领域。与此同时，由于物联网的应用范围更加丰富，它也使社会更容易受到新形式的威胁和攻击，这些威胁与攻击种类的数量要远远超过以往任何一种网络形式所承受的大小。物联网（IoT）的出现，让计

算和连接变得更加普及，甚至无所不在。正如物联网对商业的影响一样，物联网对网络安全和隐私的影响也是一个热门的话题。

总的来说，物联网的发展和计算机计算能力的显著进步，使得网络安全保障团体和网络黑客之间将产生一场激战[8]。虽然我们不能忽视在大量场景中配备无线网络（Wi-Fi）、蓝牙或无线电设备所取得的前所未有的生产力，但是在智能环境下所获得的超大规模的数据，它们的安全和管理问题仍然存在巨大的不确定性和不透明性。

从互联网最初的雏形——两台计算机的相互连接开始，数据保护就一直是一个非常重要的问题。随着互联网的商业化，安全问题逐渐扩大到包括用户隐私、金融交易和网络盗窃威胁等诸多方面。在物联网中，安全问题与相关防护技术息息相关。不管是出于偶然还是恶意，针对心脏起搏器、汽车甚至是核反应堆控制系统的一次干扰都可能造成灾难性的后果。

很多人批评物联网发展得过于迅速，没有充分考虑到其带来的安全挑战以及必要的监管变化[74]。随着物联网应用领域的不断扩大，网络攻击的目标可能越来越多地针对物理实体，而不仅仅是针对虚拟实体[73]。2014年1月，福布斯（Forbes）列出了很多联网的设备，比如电视、厨房电器、照相机和恒温器，已经可以"在用户自己的家对用户进行监视"[208]。已经有研究表明，汽车上的计算机控制装置，比如刹车、发动机、锁、喇叭、加热装置系统和仪表板容易受到攻击者来自机载网络的攻击。这些设备目前没有连接到外部互联网，因此不太容易受到互联网的攻击[15，54]。入侵者有可能远程控制空调、启动加热器、打开车门，以及在行驶没有发生任何碰撞时打开安全气囊，或者转动正在行驶的汽车的方向盘，这些攻击行为都是令人恐惧的。

美国国家情报委员会（National Intelligence Council）已经意识到形势的严重性。它们认为，很难做到完全阻止美国的敌人、罪犯或恶作剧者进入由传感器和远程控制对象组成的网络。这是因为一个开放的聚合传感器数据市场不仅可以服务于商业和安全的诸多利益，也会帮助罪犯和间谍识别易受攻击的目标[168]。

全面的物联网安全是一个非常大的挑战，这主要包括设备或传感器的保护、数据以及在开放网络上数据的保护。除非建立妥善的管理和保障机制，否则未来最大的一个挑战就是个人信息的盗取问题，这可能会对个人、工业以及社会带来严重的破坏。因此，理解物联网安全模型的组成架构至关重要[8]。

我们认识到，为了确保物联网系统以及安全应用的正常运转，另一个挑战是严格定义和限制每个参与者在系统功能中的角色。物联网使网络空间和物理空间联系得更加紧密。物理世界正通过设备和实物直接与虚拟世界连接，虽然在传统的通信以及用户对实物的控制和操作中仍然存在一些人为干预的情况（参见2.2节）。

但是，由于恶意或者是意外的人为干预，往往会使得系统出现那些我们并不希望产生的偏差，因此设备应当能够按照相关策略进行操作，从而将人为干预降至最低。反过来，这些策略应该具有一定的通用性，同时又与具体应用场景息息相关，这就需要用户最大限度地参与具体策略的制定。

本书提出了一个"基于共识的动态策略制定框架"，或者称为社会治理，它的目的在于：

最大限度地让用户积极参与"动态策略制定"，从而参与治理。通过考虑当地的实际情况，使得策略的制定更加具备针对性。

最大限度地限制用户在"策略遵从性"中的影响，从而提高策略的遵从性。让机器足够"聪明"，能够自主地遵守策略。

为了确保物联网在未来发展成为一个强大和安全的基础设施，所有支持物联网的人士以及相关组织必须在维护社会稳定、安全和隐私的同时，携手推动物联网技术的协同发展。作为这些努力的一部分，有必要全面研究物联网的特点，并认识到哪些特点可能被用来对物联网基础设施或其任何利益相关者构成任何形式的威胁。此外，为了给物联网的发展奠定坚实的基础，我们迫切需要一个针对物联网发展体系和治理方式的完整框架。尽管物联网和互联网有着非常紧密的联系，但将物联网的发展框架与传统互联网的发展框架分离开来是至关重要的[222]。

在本书的最后，我们探讨了物联网安全是如何在车联网、电子健康以及智能电网这三个重要的应用场景中发展的。我们分析了在这些特定应用场景中存在的漏洞、威胁以及具体的对策，并以此结束本书对于物联网安全的全部讨论。

第2章　物联网系统模型

2.1　"物联网"的概念

大约二十年前，麻省理工学院汽车识别中心的创始人凯文·阿什顿（Kevin Ashton）于1999年首先提出"物联网"这个概念。随后，同为创始人的大卫·布洛克（David L. Brock）在2001年[212]也提出类似的概念。大卫·布洛克曾设想过这样一个世界，在这个世界里所有的电子设备都接入网络，并且无论这个物体是物理实体还是虚拟实体，它的相关信息都有一个对应的电子标签来存放。他们还设想使用物理标签来远程地、无接触地识别物体所包含的信息。这就需要所有的物理实物都能够具备这样一种功能，即成为连接在物理世界中的一个节点。这一愿景的实现，将使得包括供应链管理、库存控制、产品跟踪定位标识、人机交互等若干领域受益[200]。事实上，近年来很多技术都在推动实现物联网的这一愿景，文献[212]中对其中的部分技术进行了详细描述。由于物联网应用的领域非常广阔，并且针对物联网的相关研究仍然处于刚刚起步的阶段，这导致迄今为止对于物联网仍然缺少一个标准化的定义。目前，根据部分研究成果，针对物联网的几种定义如下：

文献[213]的描述是："物联网指的是一种运行在智能空间里的具有身份标识和虚拟人格的实物，它们通过智能接口与社会、环境和其他用户进行通信和连接"。

文献[47]的描述是："从语义来源角度上看，物联网这个概念由互联网与物品两个两部分组成。其中，互联网可以定义为，在世界范围内的基于标准通信协议（TCP/IP 协议）相互连接的计算机网络。而物品在这里并不特指某一特定类型的实物。因此，从语义上看，物联网指的是一种基于标准通信协议的网络，它让所有能够被独立寻址的普通物理对象形成互联互通的网络"。

文献[47]定义为："物联网实现的是一种万物互联的状态，在理想情况下，任何人可以通过任何路径的网络获取任何可能的服务。也就是说，物联网实现在任何时间、任何地点，人、机、物的互联互通"。

考虑到这些描述，物联网可以定义为一个万物互联的环境，在这个环境中物品通过有线或者无线的方式与其他联网设备进行交互，从而构建一个无缝的信息交互网络并提供一体化服务，实现一个共同的目标。作为一种高度异构的网络实体的互连，物联网逐步实现了多种典型的交互模式：如人与人（H2H）、人与物（H2T）、单个物体对单个物体（T2T），或许多物体对许多物体（T2Ts）[105]。

物联网是一个全球网络基础设施，它通过利用数据获取或数据感知、通信以及驱动等能力[125]，将具有唯一标识的实体或虚拟对象、物品以及设备相连接。在有着类似结构的互联网体系中，虚拟"事物"的底层架构包括现有的，以及不断发展的因特网和相关网络技术[10]。高度自主的数据捕获、事件传输、网络连通性和互操作性[10]将在很大程度上影响未来新产生的服务和应用。

2.2　网络的演变

下面我们先来回顾一下这些年来计算机网络组成以及性质的演变，这对分析新兴的物联网可能会带来哪些漏洞至关重要。

早在20世纪60年代末，通过一种基础计算机网络模型[172]，两台计算机之间的通信成为可能。随后，在20世纪80年代早期，TCP/IP堆栈模型被引入。互联网的商业应用始于20世纪80年代末，这一时期网络连接的模式大多是纯粹的点对点连接。网络产生之后，用户通过IP协议将计算机接入网络，并与同一网络中的其他计算机相互通信。随后，1991年万维网（WWW或Web）的出现使得因特网变得更加流行，也促进了它的快速发展。一开始的万维网是搭建在因特网上的一个星形拓扑结构。用户（比如企业、机构、专业的网页内容开发者）将万维网服务器搭建在已有的因特网上，之后其他用户就可以通过访问这些服务器来获取网站的内容。

随着社交网络、博客和微博等应用的产生，用户可以自主地访问万维网的服务，在万维网空间中创造属于自己的内容。此时对于万维网，用户成了最主要的内容生产者，因此用户也是万维网最活跃的一个群体。这里，我们所指的内容是万维网上呈现的各种数据，换句话说，这一部分数据是面向所有的互联网用户，而不是面向少部分特定用户的。万维网的这种形式可以称为是"人的网"（Web of People，或 WoP）。

WoP 在原有星型拓扑结构的基础上引入了更具分布式和更细粒度的网络结构。如今服务提供商更多地充当中心节点的功能，用户不仅可以连接中心节点获取信息，还可以借助服务提供商自主地发布信息。例如，谷歌的 Blogger［13］或 Wordpress［31］应用，虽然这两款软件是在谷歌自己的服务器上运行服务，但是用户通过访问该服务器就可以创建自己的博客网站。

这些年来，WoP 又经历了进一步的改变。为了让因特网的服务变得更加直观、准确和智能，网络尽可能的引入更客观的"物"，并尽可能减弱甚至完全排除"人"的影响［47］。从无生命的实体，如汽车、灯、小玩意等，到有生命的实体像植物和动物等，所有直接影响虚拟世界或被虚拟世界所影响的实体都将被接入网络。这种网络的形式可以称作为"物的网"（Web of Things，WoT），或者"物联网"（Internet of Things，IoT）。在 WoP 中，像写博客这样的行为并没有立即影响到现实世界。当 WoP 中的人从自然界感知到信息并且把信息发布在网络上，或者他们从网络上接收到信息，在这些过程中他们的功能就如同传感器一样。物联网力求最大限度地减少信息在真实世界和虚拟世界传递过程中人为因素的干扰，这包括两层含义：一是人们从真实世界感知到信息，并将这些信息传递到虚拟世界过程中的干扰；二是人们从虚拟世界获取信息并根据这些信息从事相关工作中的干扰[147]。物联网的出现，使得操作平台以及控制平台将被嵌入到网络平台之中，改变了以往都需

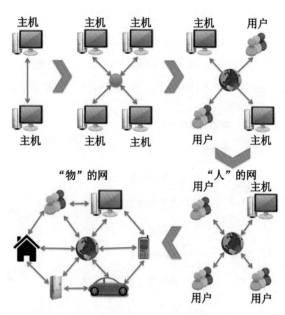

图2.1　因特网的演变过程

要人为控制的情况。图2.1形象地描绘了因特网在发展过程中经历的五个阶段。

在这张图中，根据网络的运行方式以及不同网络形式下数据的类型，我们将网络的形式分成了五种。一个网络系统的组成可以分为三个层次：感知层、网络传输层以及应用层[231，232]。应用层的作用是对数据进行智能处理，从而实现某些需要的功能。

网络传输层由一系列基础设施及相关技术构成，它们采用唯一的寻址方案，保证了有线或无线的连接，实现了可靠安全的数据传输和数据存储功能。感知层包含的组件和技术可以实现从物理世界中采集数据并将数据转化为虚拟世界可以使用的数据。

"用户产生的数据"是指由互联网用户产生和提供的数据。"设备产生的数据"是指由连接到"物体"上的设备所提供的数据，这些设备将感知到的物理环境数据或处理的数据导入到系统。图2.2描述了不同网络形式所支持的系统和数据。

网络的演变过程 →		互联网	网络	"人"的网	"物"的网物联网
网络的构成组件 ↓					
数据	设备产生的数据	✘	✘	✘	✔
	用户产生的数据	✘	✘	✔	✔
系统	应用层	✔	✔	✔	✔
	网络及传输层	✔	✔	✔	✔
	感知层	✘	✘	✘	✔

图2.2 网络形式、系统以及所支持的数据类型

在互联网出现之前，物理世界由人们的行为所决定。互联网、网络（Web）和人联网（Web of People）产生之后，人们借助于网络技术也可以对物理世界的事情产生影响，尽管这种影响在很大程度上仍然依靠人为的干预。举个例子，当处于地球某一位置上的人得知一个事情发生后，他可以通过网络将信息传递给地球另一侧的另一个人或另一台机器，然后他们可以相应地采取某些行动。通过物联网，物理世界可以通过机器或物体直接连接与虚拟世界相连接（参见图2.3）。然而，这种直接的连接方式并不会完全消除人为因素的影响，因为传统的沟通形式仍然有效。此外，用户依然可以对设备和实物进行有效的控制和操作。

在物联网接口系统中，网络空间和物理空间的交互方式一共有三种：

（1）纯粹地由用户进行感知和驱动的交互。

（2）由本地用户控制的设备进行感知和驱动的交互。

（3）由远程用户控制的设备进行感知和驱动的交互。

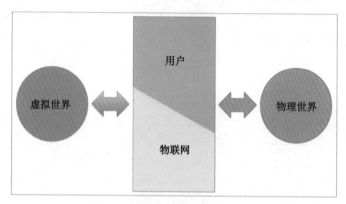

图2.3 通过物联网实现网络空间和物理空间的交互

如果人工干预可以完全从设备的使用或执行周期中移除，那么网络系统的行为将更容易预测，网络系统也将变得更加安全，这是因为设备会严格按照符合既定规则的程序进行工作。这样，通过最大限度地减少由于恶意或意外的人为因素干扰，将有助于避免系统发生偏离正常工作状态的情况。

此外，上述用来管理和约束设备行为的技术规则最好是高度独立的，并且应该是符合相关共识的。这可能意味着某项技术规则不仅可能随着技术应用的场景变化而发生改变，而且也可能随着应用时间的迁移发生改变。为了使规则符合共识，必须尽可能让用户参与规则的制定。

因此，物联网的理想框架应该是"基于共识的动态规则制定框架"，它将考虑两个方面的相互作用：

（1）最大限度地提高人为因素在"动态规则制定"以及"管

理"中的参与程度,通过考虑不同地区的实际情况,最大限度地促进符合实际的、专业化的规则制定。

(2)尽量减少人为因素在"规则遵守"中的作用,保证规则能够最大限度地被遵守,使机器或设备能够"智能"地遵守规则并拒绝任何形式的干扰。

2.3 物联网的愿景

2.3.1 大规模的、无处不在的连接

物联网的愿景是创造一个让真实世界和虚拟世界相互融合的智能环境,在这个环境中能源、交通、城市和许多其他领域将变得更加智能化[118]。物联网的倡导者们希望物联网可以实现一种最为理想的情况,即在任何时间、任何地点、任何人或设备都可以通过任何可能的路径、网络以及相关服务来连接任何物品[216]。这意味着我们身边的所有物品都能够接入互联网,从而进行相互通信。物联网技术的内涵不仅仅局限于 M2M 通信、无线传感器网络、2G/3G/4G、射频识别(RFID)等技术。这些仅仅是物联网在不同应用领域中的一些支持技术。

在不久的将来,存储和通信的服务方式将由集中式变为分布式,服务也将变得无处不在。在无线或有线传感器设备、M2M 设备,RFID 标签等技术的帮助下,每一个人、每一个智能物品、每一台机器、每一个平台,甚至是我们生活的空间都将

变得更加"智慧"。这些技术将构建一个由动态网络相互连接的高度分散的公共资源池。这一网络所使用的"通信语言"将基于一种可交互的操作协议，在异构的网络环境和平台上运行。物联网将利用消费者、企业和工业互联网融合所产生的协同效应 [216]，创建一个开放的、全球性的人员、数据和事物之间的网络。这种协同效应将极大地促进云计算的发展，通过云计算可以连接能够感知和传输大量数据的智能设备，帮助实现一些高层次的智能服务，在没有这种高度连接和智能分析水平条件下，这些服务是难以完成的。

2.3.2　自感知运算

近几年来，物联网变得越来越普及，其中一个最根本的推动原因是人们对自感知计算的期待。通过自感知计算，计算元素可以对其性能进行优化，而且还可以在减少人为干预的条件下，根据现有的情况来实现个性化的服务。虽然在二十年前，自感知系统就已经成为研究中的重点问题[202，203]，然而在手机等多用户融合服务平台以及异构网络环境中，还没有实现脱离人为干预的完全自主化的信息选择和传递功能，这一功能仍然是一项重大的管理挑战。此外，为用户创造一个功能更完善、操作更人性化的娱乐和商业应用程序的环境，也需要对相关用户的信息[90，185]进行获取、分析以及解读。

2.3.3　无缝连接与交互性

从整个物联网的应用规模上看，其交互性必须能够跨越由不同语法定义的接口，同时还需要在不同软件架构上具有共享的通用语法。此外，它还要求现有计算设备（硬件和软件）能够与通信基础设施实现无缝集成，只有这样才能在大规模网络上实现在高度自适应异构设备之间对相关信息进行共享。

2.3.4　网络的中立性

由于物联网的组成设备主要是只产生少量网络流量的小型节能设备，因此关于物联网的网络中立性一直是争论的焦点。然而，智能环境的建立需要将多种大型智能设备以及相互通信设备进行集成，带宽消耗将变得非常巨大。随着物联网接入设备数量的急剧增多，这意味着在很长一段时间内，物联网将无法摆脱网络是否应该保持中立这一争论的影响。

作为物联网愿景的一部分，文献[44]强调了网络中立性的重要性。这一文献指出，"任何信息都不应该有优先的特权，每一条信息都应该被系统平等地对待。在实践中信息的发送方和接收方之间应当在任何可能路径中选取一条最合适的物理路径，并随时将来自和指向任何位置的任何信息连接起来。为了遵循这些原则，互联网服务提供商和政府需要平等对待互联网上的所有数据，而不是根据用户、内容、网站、平台、应用程序、附属设备类型和通信方式区分或收取不同的费用"。

尽管反对网络中立性的倡导者能够拿出有效的论据支持他们的观点（例如，在转播体育赛事或遭遇灾难期间，如果网络流量出现过载，为了保证应急服务和某些重要设备的正常运转，限制某些非关键流量的传输往往十分重要），但是如果网络的中立性被破坏，其不利的一面也非常显著。比如，在非中立性的网络中，用户被指定一家网络服务商的可能性非常高。举个例子，美国电话电报公司（AT&T）与谷歌公司签订协议，为谷歌旗下智能温度控制器制造商耐思科学公司（Nest）的智能家居设备提供公共网络功能。因此，用户如果不选择耐思科学公司的制定网络供应商，可能就无法获得优质合格的服务。

2.4　物联网的应用

2010年，物联网战略研究议程（SRA）[217]确定并描述了物联网的主要应用，这些应用种类繁多，主要分为六个领域：智慧能源、智慧健康、智慧建筑、智慧交通、智慧生活和智慧城市。想要成功实现一个无处不在的物联网的愿景，就需要将这些不同的应用领域融合在一个单一、统一的综合领域，这一领域通常被称为"智能生活"[216]。

根据专家、调查[22]和报告[4]的意见，物联网欧洲研究工作组确定了物联网的应用领域[217，218]。文献[216]提出了一份最新的应用领域清单。

● 城市

——智能停车：监控城市中可以使用的停车位。

——结构健康：监测建筑物、桥梁和历史遗迹的振动和材料状况。

——城市噪音地图：在中心区域进行实时声音监控。

——交通拥堵：监控车辆和行人流量以优化驾驶和步行路线。

——智能照明：根据天气条件自动调整的智慧化街道照明。

——垃圾管理：检测垃圾箱中的垃圾数量以优化垃圾清运路线。

——智能交通系统：智能道路及高速公路，能根据气候条件和突发意外事件（如事故或交通堵塞）提供警告和交通疏导信息。

● 环境和水资源

——森林火灾探测：通过对燃烧气体和可能出现的火灾状况进行监测来确定火灾警戒区。

——空气污染：对工厂的二氧化碳排放量、汽车的污染物排放以及农场产生的有毒气体进行控制。

——滑坡和雪崩预防：监测土壤湿度、振动以及土壤密度来探测可能出现的地表危险灾害。

——地震早期探测：对特定震区实行分布式控制。

——水质监测：研究河流及海洋的水质是否符合水体动物群生存条件以及是否满足饮用级别。

——漏水监测：监测水箱外侧漏水情况以及管道内部水压的变化情况。

——洪水监测：监测河流、大坝以及水库的水位变化情况。

● 能源智能电网、智能计量

——能源库存容量监测：监测储存罐中的水、石油及天然气的库存容量。

——智能电网：电力能源耗散监测与管理。

——光伏装置：太阳能发电厂的性能监测和优化。

——水流监测：监测输送系统中的水压情况。

——仓储重量监测：监测货物的空置水平和控制重量。

● 安全和应急

——周界访问控制：对限制区域实行访问控制，对非授权区域内的人员进行监测。

——液体监测：在数据中心、仓库和敏感建筑地面等区域实行液体检测，防止因液体引发的设备故障和地面腐蚀。

——辐射水平监测：对核电站周边地区的辐射水平进行分布式监测，并对核泄漏进行警报。

——爆炸性和有毒气体监测：检测工业环境、化工厂周围和矿井内的有毒气体水平和泄漏情况。

● 零售和物流

——供应链控制：监测整个供应链上的储存条件以及对产品生产全过程进行追踪。

——近场通信（NFC）支付：在特定地点或从事特定活动过程中产生的支付需求，如乘坐公共交通、在健身房、主题公园中消费等。

——智能购物应用：根据客户的习惯、偏好、是否对某些成分过敏等信息提供销售建议。

——智能化的产品管理：对货架及仓库中商品周转进行监测，并自动化重新对库存不足商品进行补货。

——运输质量监控：对运输过程中产生的振动、撞击、开口或冷链保持进行监测，以保证运输质量。

——商品定位：在仓库、码头等大型空间实现对单个商品的寻找定位。

——存储不兼容监测：当易燃物品和爆炸物品存放过于靠近时发出警告。

——运输车队跟踪：对医疗药品、珠宝或危险品等敏感商品的运输路线进行追踪和控制。

● 工业控制

——机器对机器（M2M）的应用：机器自动诊断和资产控制。

——室内空气质量：监测化工厂厂房内部有毒气体和氧气浓度，以确保工人和货物的安全。

——温度监测：监测和控制存放敏感商品的工业或医用冷冻室内部的温度。

——臭氧浓度监测：监测食品工厂在肉类干燥过程中的臭氧浓度。

——室内定位：使用主动标签（ZigBee、UWB）和被动标签（RFID、NFC）。

——车辆自动诊断：从控制器局域网总线收集信息，用来在紧急情况下发送实时警报或向驾驶员提供建议。

● 农业和畜牧业

——提高葡萄酒质量：监测葡萄园的土壤湿度和树干直径，以控制葡萄中的糖含量和葡萄藤的健康状况。

——温室：通过控制温室内的气候条件，最大限度提高水果和蔬菜的产量及品质。

——"绿洲计划"：在干旱地区进行选择性的灌溉，以减少维持绿色植物生存所需要的水资源。

——气象台网络：研究监测地区的天气情况，对冰的形成、降雨、干旱、降雪、风向改变等气象进行预报。

——堆肥：控制苜蓿、干草、稻草等的湿度和温度水平，以防止真菌和其他微生物污染。

——牲畜保育：监控牲畜繁育场幼崽的生长情况，确保其存活和健康。

——动物追踪：在开阔牧场或大马厩中对放牧的动物进行定位和识别。

——有毒气体水平：研究农场的通风和空气质量情况，检测粪便中的有害气体。

● 家庭和家庭自动化

——能源和水的使用：通过监测能源和水的消耗量来获取如何节约成本和资源的建议。

——遥控装置：远程控制开关装置以避免事故和节约能源。

——入侵检测系统：检测门窗是否被打开来防止入侵者侵入。

——艺术品保护：监测博物馆和艺术品仓库内的情况。

● 电子健康

——坠落检测：协助独自居住的老年人和残疾人。

——医疗冰箱：控制储存疫苗、药物以及其他医疗物品的冰箱内的状态。

——运动员护理：体育馆和运动场内生命体征监测。

——病人监测：监测医院及养老院内的病人情况。

——紫外线辐射：对户外紫外线强度进行监测，以警告市民不要在特定时间内暴露于紫外线下。

此外，文献[216]还确定了物联网应用领域中所面临的研究挑战，这些挑战已经被IERC这一机构列为未来几年的重点问题。

2.5 挑 战

实现物联网这一愿景所面临的挑战至少包括以下四个方面：

成本：为了能够大规模地部署，无线传感器网络的组件价格要足够低。这就限制了这些组件中供电容量的大小，而现有的网络安全协议并没有考虑到这些约束。

数据管理：物联网将成为大数据的主要来源，这些数据主要来自于数十亿个相互连接设备之间交互的信息。在物联网的应用中，能够产生大数据的领域包括气象学、实验物理学、天文学、生物学和环境科学。举个例子，一架波音公司的喷气式飞机每一台引擎每 30 分钟就可以产生 10TB 的数据[299]。因此，一次 6 小时的航班就会产生大约 240TB 的数据，而美国每天大约有 28537 架商业航班。一架 A380 型号飞机上有超过 30 万个传感器，在飞行的过程中，这些传感器都在源源不断地产生数据。显而易见，机器与机器（M2M）之间的通信将会创造出如此巨大的互联网流量，这也导致了泽字节（=$1*10^{10}$GB）科学的产生与发展[228]。

安全性：与传统网络相比，物联网中的网络形式更多、网络数量更多，连接的物品更多。此外，物联网旨在培育新的交互形式。这些以及其他几个因素（在第 3 章中讨论）导致物联网面临一些新的安全问题。

隐私：无线传感器网络的相关设备可能无法防御来自现实空间和虚拟空间的攻击，一些敏感信息可能因此而泄露。

物联网仍然是一个发展中的技术，加强物联网的安全面临重大的挑战，缺乏一套完备全面的安全模型和标准是影响物联网普及的一个主要问题。

图2.4描述了物联网三层体系结构中面临的风险和威胁。感知层面临的主要安全挑战包括对节点的物理破坏、通道阻塞、伪造攻击、虚假攻击、复制攻击、重放攻击和信息篡改。传输层面临的威胁主要来自 DoS 或 DDoS 攻击、伪造或中间人攻击、异构网络攻击、IPv6应用风险、WLAN 应用冲突以及传统网络安全威胁。对于应用层，信息公开、非法的人为干预、平台的稳定性以及身份认证等都是主要挑战。

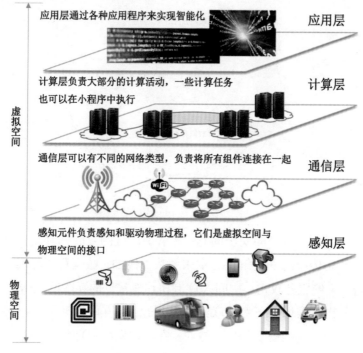

图 2.4 物联网系统所面临的安全问题 [232]

　　自从物联网融合传统互联网、无线通信网络、无线传感器网络等网络以来，现有的安全技术可以为物联网提供一些安全保障，比如在应用层部署用户认证、访问控制和安全审核，在网络层部署虚拟专用网络（VPN）、防火墙等安全策略。但是，现有的安全解决方案无法为物联网三层体系结构提供全面的安全性保障。目前针对物联网的安全模型往往由互联网以及其他现有网络形式的安全解决方案组成，研究一种专门面向物联网的全新安全解决方案也是一个主要挑战。图2.5描述了文献[2]中给出的物联网安全问题的三个主要分类。

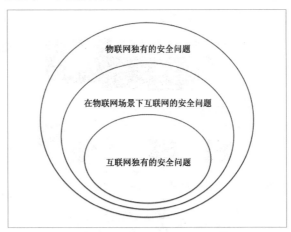

图2.5　物联网安全问题的分类

　　● 互联网自身的安全问题：继承了传统的互联网环境。可以通过使用传统的安全解决方案来解决。例如，数据窃听、篡改、伪造、拒绝服务攻击、中间人攻击和其他常见的互联网攻击。

　　● 物联网场景下的互联网安全问题：在互联网环境下已经被安全技术解决的安全问题。然而，在物联网的一些特殊场景下又形成了一些新的安全问题。考虑到物联网独一无二的特点，这些问题无法通过将互联网下的安全技术简单地照搬过来解决。因此，必须通过适当地修改互联网安全体系结构，或者重新设计一个全新的体系结构。例如，在物联网中域名服务器（DNS）无法完成对请求者的身份验证，这是因为它会导致访问对象的隐私遭到泄露。

● 物联网自身的安全问题：新的网络结构、物联网的新设备以及其他新的因素带来的安全问题。这些问题无法通过传统互联网的安全架构来解决，因此需要构建新的解决方案。例如，无线传感器网络设备的身份验证、密钥协议以及隐私保护问题。

第3章　物联网易受攻击的特性与面临的威胁

为了确保物联网能够演变成一种安全的基础设施，必须对物联网的特点有一个全面的认识。这些特点有可能被利用，并对物联网基础设施或者相关参与方产生威胁。本章将深入分析物联网容易受到攻击的具体环节，并对威胁物联网安全的因素进行分类，尝试建立专门的"威胁空间"。此外，我们发现了一种新的威胁类型：信任和声誉威胁。

3.1　物联网易受攻击的特性

物联网继承了互联网的大部分特性。此外，物联网还有许多独一无二的特性。本节将从物联网的安全和隐私角度来分析其潜在的易受攻击的特性。

文献[79]根据物联网的脆弱性衡量了动态网络的安全性。作者在计算动态网络的攻击面度量时发现与物联网最相关的特

性。这里我们借用文献
[79]中提到的易受攻击
的特性，在此基础上我们
尽可能列举所有可能的易
受攻击的特性。以下是物
联网公认的易受攻击的特
性（参考图3.1）。

● 融合的网络 – 物理
空间

文献[18]提出，"物
联网是指互联网上各种对
象的虚拟表示，以及它们
与互联网或基于网络的系
统和服务的集成"。物联
网最显著的特点是它能够
将计算和通信能力与现实
世界中实体的监控相结合
[62, 77]。此功能使得
现实世界中物理实体的行
为以及发生的事件能够影

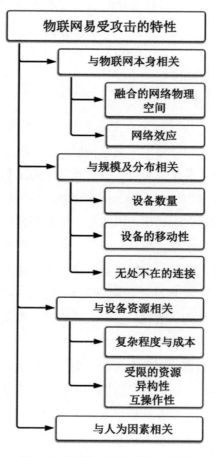

图 3.1 物联网易受攻击的特性

响虚拟世界中的事件，反之亦然。许多这样的关联都是非常关键
的：它们的失败会对相联系的物理系统或人员造成无法恢复的伤
害。例如，监控和数据采集系统在国家关键基础设施（如电力、
石油、天然气、水等传输系统以及运输系统）中发挥重要作用。
这些控制系统的破坏可能会严重影响公共卫生、国家安全和经济发展。虽然保护网络物理系统的大部分工作都向着可靠性这一方向努力，但对于系统将会面临的网络攻击，人们的担心却与日俱增。目前，针对这一问题的提出和讨论尚不多见[111，122，148，195]。

● 网络效应

物联网是有史以来最大的网络基础设施。T2T 通信导致了现代超级复杂的通信网络，这些网络由复杂度不同的通信节点组成，因此也加大了维护互联网稳定和安全的难度。根据放大效应原理[60]，在输入过程中的一个很小的扰动可能导致系统输出的巨大不稳定，因此在一个大型网络中即便是一个很小的事件也可能导致大事件的发生。此外，根据耦合原理[60]，当系统变大时，组件之间的相互依赖性将变得更加明显。

大多数物联网服务是通过多个组件设备之间的相互通信来实现的。因此，整个系统的状态取决于每个组件的状态。例如，如果住宅中央供暖系统中的一个传感器受到损害或检测到不正确的数据，那么中央控制器的决策就会受到影响。除非使用容错技术，比如安装了备用的传感器，否则这会导致整个房间的温度发生异常变化。如果安装了备用的传感器，那么整个系统就可以容忍单个传感器的故障。物联网中物品与其他物品直接或间接的关联使得系统组件之间通信的依赖性变得至关重要。因此，需要对网络进行适当地分割，从而限制针对大型系统某一个小部分攻击所造成的影响。

● 设备数量的增加

近年来，物联网连接的设备数量呈爆炸式增长。根据思科互联网业务解决方案集团（Cisco Internet Business Solutions Group）

的数据[99]，在2003年，全球人口大约有63亿，互联网连接设备数量大约5亿，比率为0.08台/人。到了2010年，全球人口上升到大约68亿，而互联网连接的设备激增到125亿，比率为1.84台/人。根据思科的预测，到2020年全球将有500亿台联网设备[99]。智能设备这种前所未有的增长速度可能会带来重大的数据管理、安全问题和隐私挑战。联网设备实体的爆炸式增长还将导致大量数据的产生。根据2012年文献[23]的数据，占全世界90%的数据是在过去2年内产生的。大数据的出现将引起数据存储、数据安全和信息处理方面的担忧。此外，随着连接设备的增多、部署传感器的增多，每一个设备所携带的信息也不断增多。每一个设备携带一系列数据通道、方法以及数据项，如果没有得到适当保护，其中每一项都有可能被滥用[79]。根据文献[79]所提到的信息，设备数量的爆发性增长将扩大物联网受到攻击的范围。

● **移动性**

智能手机、平板电脑、智能汽车以及可穿戴技术（如智能手表、谷歌眼镜、移动传感器，甚至连在一起的牲畜[5]）的出现，使得灵活多变的网络正成为物联网安全和隐私的主要挑战。所有的移动设备都为物联网创造了一个动态的操作环境，其中系统和数据在环境之间快速转换，这进一步加剧了访问控制、身份管理、设备监控以及在有限的可视性和控制范围内进行自动决策[79]的困难。为了透明地为用户提供服务，移动设备必须在局域网内与其他对象或网关进行连接。它们必须能够管理两种情况，即一方面它们可以访问物联网的基础设施和相关服务，另一方面它们只能与附近的设备进行通信。这两个要求对相互认证、策略执行和基本通信安全等管理都是挑战[158]。

等级	2020年数量	例子	特点
3	500亿	台式、笔记本电脑智能手机	设备实体具有与用户交互的渠道和方法
2	10000亿	传感器、控制器	设备实体具有与其他设备实体交互的渠道和方法 设备实体具有与环境交互的渠道和方法
1	无法估计	条形码射频识别设备	实体包含可能被其他实体通过自动化方式获取的数据实体有唯一标识

图3.2 不同层级的智能设备分类

● 无处不在的连接

在任意地点、任意时间、任意物品上都可能会有一个智能设备。低成本的技术助推了物联网系统的广泛应用。然而物联网无处不在的特点以及日益增加的不可见性加剧了人们对物联网身份管理、监控、安全以及隐私保护等问题的担忧。例如，在人口较少或不容易访问到的地区部署物联网系统将带来复杂的管理问题。此外，物联网系统部署在这些不安全的地区也增加了其遭受威胁的风险。由于网络效应，信息或控制系统单个节点的损坏可能危及整个系统的完整性。此外，物联网系统的普遍性和不可见性使得对于物联网的监控变得更加复杂，从而增加了隐私被侵入的可能。

● 复杂性和成本

设备的复杂性由设备的处理能力、存储容量和其他可用资源决定。设备的可用资源越高，可以达到的复杂性就越高。物联网是由多种复杂程度不同的设备相互连接组成的，比如服务器、个人计算机等高复杂程度的系统，特殊用途的传感器等低复杂程度的设备，以及以 RFID 标签等高度受限的设备等。文献[79]给出了根据复杂程度来对智能设备进行分类的情况，如图3.2所示。

图3.2显示了低复杂程度设备在数量方面的主导地位。对于复杂程度较低的设备，它们受到攻击的可能性也较小，这是因为每个设备实体的通道、方法以及数据项的数量很少[154]。但是，针对第1层和第2层设备的攻击面的总数仍然很大。这里，攻击面指的是所有可能的入口，攻击者可以从这些入口进入系统并从这些入口获取数据[154]。第3层系统如 Linux 系统平均有14个攻击面，而第2层系统平均只有1个攻击面，但是第2层系统所遭受的攻击数量要比第3层系统多42% [154]。由于低复杂程度的设备（或资源受到高度约束）无法支持高级的安全机制，因此也容易受到攻击，这些攻击主要是针对其较弱的防御机制或较低的资源。实现"互联世界"的愿景要求设备相互连接的成本尽可能的低。高德纳公司（Gartner）总监彼得·米德尔顿（Peter Middleton）预测，到2020年处理器的成本将低于1美元[12]，从而使得网络连接变成设备的一项标准功能。计算设备的低廉价格将对系统安全、加密算法、密钥长度以及软件更新所需要的资源产生影响[77，79]。

- 受限的资源、异构性和互操作性

根据文献[105，108，191]，物联网组成单位的资源有限性是物联网容易受到攻击的一个主要原因。实现资源受限网络和其他网络形式（如互联网）之间的互操作性是一项挑战，因为由此产生的异构性使得协议的设计和系统的操作变得更加复杂[88，

214〕。物联网节点之间的相互通信依赖于有损和低带宽的信道，这是因为节点的芯片的计算能力、内存大小以及能量供应都是有限的。这给物联网安全协议的设计提出了挑战。首先，使用较小的数据包（例如，IEEE 802.15.4 在物理层支持 127 字节大小的数据包）可能导致大型安全协议数据包的碎片化。这可能会造成针对性能有限的节点的状态耗尽攻击以及针对 6LoWPAN 的通信信道带宽耗尽的攻击〔55，123〕。此外，由于数据包的丢失和重传问题，数据包碎片化也会降低系统的整体性能。

有限的数据处理能力也削弱了受限设备使用高资源耗费型密码的能力，例如在大多数互联网安全标准中使用的公钥密码技术。缺乏足够的内置防御机制，再加上这些设备广泛的、不安全的物理分布，使得它们容易成为资源耗尽攻击、固件替换攻击、安全参数提取和恶意替代事件等攻击的牺牲品〔105〕。一旦攻击者侵入受约束的智能对象，他们就可以轻松利用设备的内置服务来影响整个物联网生态系统。

协议转换以及端到端安全是支持互操作性的其他问题。虽然 6LoWPAN〔140〕和 CoAP〔204〕一直致力于缩小互联网和物联网之间的差距，但出于性能的考虑，物联网的协议规范并没有设计的和互联网一样。因此，物联网协议和互联网协议之间的差异将保持不变。虽然这些差异可以通过网关上的协议转换器进行桥接，但它们牺牲了物联网设备和互联网主机之间端到端的安全措施〔123〕。

● 人为因素

对于物联网而言，人为因素在塑造其安全性和隐私性方面起着至关重要的作用。错误的人工操作仍然是物联网主要的安全漏洞之一。物联网系统的用户群是物联网漏洞的主要来源。我们发现在两种情况下用户群将会成为物联网系统安全性或隐私性的受害者。

（1）由于制造商或服务提供商的恶意行为，或者是用户本身随意的、不安全的行为，用户遭受安全问题或隐私入侵的可能性非常大。

（2）用户自己可能会恶意攻击并操纵智能环境来破坏物联网系统。

由于用户无意识、不负责任以及不安全的操作，使得用户群成为物联网安全和隐私攻击的一个目标。大多数情况下，使用智能设备和服务的用户并不了解相关的安全和隐私政策、制造商和服务提供商的使用政策，以及产品的完整功能。这可能导致用户的隐私和安全受到伤害。例如，人们可能安装智能电表，期望它定期记录电能消耗并将信息传送回电力公司进行监控和计费。但是，智能电表的制造商可能已经在电表中添加了一个附加功能，该功能还会向第三方（可能是制造商本身）报告这些信息。这可能会导致第三方将这些信息用于恶意目的，例如根据能源消耗的情况来分析房屋里是否有人。更多时候，用户由于自身不安全的做法成为攻击的目标。例如，网络设备在出厂设置时有一个的默认的密码，用户（甚至是系统管理员）在使用过程中通常不会更改这个密码。此外，有时他们并不知道发布多少信息是安全的，以及如何控制已发布信息的数量。用户应要求制造商和服务提供商完全透明地提供哪些用户数据被发送和使用，以及这些数据被使用的方式。

物联网第二类人为因素漏洞的一个例子是"黑客"或系统中

的恶意用户，他们通过其故意行为试图利用系统的漏洞获得不应该得到的位置或优势，或者通过操纵、破坏或对目标系统进行降级来造成危害。

3.2　威胁分类法

由于带来了新的安全威胁，物联网正在改变信息安全风险的整体状况。虽然技术解决方案的实施可能会对物联网的威胁和漏洞做出反应，但管理难题才是解决物联网安全问题更关键的环节。在物联网中，对威胁进行有效的管理需要对威胁进行评估，并根据环境和预定的方案来减轻威胁产生的后果。本节试图对物联网受到的威胁提出一个全面的分类法，创建专门的威胁目录。

3.2.1　威胁的定义

在互联网中，威胁（或网络威胁）被定义为"企图恶意破坏或扰乱计算机网络或系统的可能性"［26］。物联网威胁的定义将是该定义的扩展。由于物联网是将虚拟网络和现实空间相融合的网络，那么物联网的威胁可以对现实世界产生同样的破坏，因此也更加严重。举个例子，如果智能家居的网络受到了威胁，攻击者可能会通过控制家居的关键系统，比如说控制供暖的温度系统，或控制智能门锁。

3.2.1.1 威胁与攻击的区别

威胁指的是存在潜在的伤害，而攻击则意味着实际造成了伤害。从信息和系统安全的角度来看，威胁指的是一个实体（比如物品、人员或者环境）故意或无意地对系统产生了危害。而攻击则是故意利用系统或其利益相关者（用户、企业等）中存在的至少一个漏洞并对其造成伤害。

3.2.2 建议的分类

为了尽可能多地梳理与物联网相关的威胁，本书提出一种全新的分类方法。随着计算特性不断发展，特别是随着物联网的出现，网络威胁的性质也在不断变化。根据攻击的预期动机以及对受害者造成的伤害类型进行分类，我们针对物联网提出三种基本威胁类别，即系统安全威胁、隐私威胁以及信任与声誉威胁（参见图3.3）。此外，根据其他各种因素，本书在这三种基本威胁类别下细分出更多的小分类。

图3.3 物联网威胁分类

3.2.3 系统安全威胁

在物联网的背景下，"安全"这一词包含了各种各样的概念，在本质上包括了保密性、真实性、完整性、可用性、不可抵赖性等基本要素，甚至可能包括信息和系统的可用性。同样的，它还包含一些增强的概念，比如冗余检测和时效性[105]。任何可能有意或无意间地违反这些规定的潜在活动，进而危害单个设备或整个网络，都应视为对物联网的系统的安全威胁。

文献[43]将网络攻击定义为"使用暴力破解、破坏、拒绝、降级、摧毁或恶意篡改操控计算机和信息资源"。在文献[79]的启发下，我们根据网络攻击的目标将系统安全威胁分为三类。

第一类涉及捕获攻击，旨在获得对（物理或虚拟）系统的控制来获得权限优势，或者通过对信息的访问和挖掘进一步获得利用性智能优势[43]。

第二类是针对服务的破坏、降级、拒绝或破坏攻击。这种攻击会给受害者带来网络竞争劣势。

第三类包括操纵攻击，旨在影响受害者决策机制的正常运行[43]。这种分类有助于更好地对物联网威胁所造成的影响进行评估。图3.4具体描述了这种分类。

图3.4 系统安全威胁的目标

为了更清晰地区分不同的威胁类型，根据文献[72]的观点，我们将进一步确定这三种基本威胁类型可能违反以下哪些安全规定。

● 可用性：确保系统的数据或服务在任何时间始终可用的属性。

- 保密性：要求所有的通信信息都只能由授权的人员来读取[46]。

- 完整性：确保资源（系统、信息）在其整个生命周期内一致、准确和可信的属性。未经授权的实体不得访问和修改系统，也不得在传输过程中更改数据[53]。

- 真实性：保证数据、交易、通信或文件（电子或物理）是真实的，并且系统中的所有实体都与它们声称的信息一致[17]。

- 可用性：确保系统内和与系统相关的每个实体都在从事它们被授权的工作[92]。

- 不可抵赖性、不可否认性或可追溯性：能够对造成行为的实体进行唯一的追踪。不可抵赖性可以为不可否认、威慑、故障隔离、入侵检测和预防，以及事后恢复和法律行为[92，221]提供支持。

3.2.3.1 控制捕获威胁

这类威胁包括攻击者获得对物联网基础设施物理或逻辑段的控制权，或访问存储在系统中的某些信息的权限。因此，攻击者会想方设法获得权限或等级上的优势，从而实现控制受影响的基础设施，甚至在更大范围上控制基础设施的一部分，或者取得对某些业务或控制关键信息的访问权。捕获攻击可能不会对受害者造成立即或直接的不利影响。但是，它违反了必要的安全规定，即（业务和控制）数据要求保密，并且"仅在授权情况下才能访问"。此外，此类未经授权的控制和访问会对促使产生更严重或更活跃的威胁，比如目标功能的中断、降级、拒绝服务或破坏。物联网的特点会导致包括普遍性、广泛的物理分布、受限设备的薄弱防御机制、移动性和互操作性等这类威胁的存在。

举个例子，如果攻击者控制了一个智能电网的控制器，他就可以获得这个区域内任何地方的用电信息，甚至可以获取个别家庭的用电信息。攻击者获取用户用电模式、用电信息等私人信息之后，就可能用于其他恶意行为。

3.2.3.2 系统中断威胁

这一类别的威胁包括直接破坏、降级、拒绝服务和破坏目标系统的攻击，以及对利益相关者造成损害的直接威胁，从而降低目标的竞争力。捕获攻击往往给攻击者带来破坏系统的机会。但是，捕获威胁的实现并不一定意味着破坏威胁的产生。在考虑系统中断威胁时，我们必须对攻击机会进行评估，同时要评估被攻击目标的抵抗性、灵活性和稳定性。物联网有限的资源、不安全的物理部署以及动态变化[79]等特性，导致了此类威胁的产生。

前面我们谈到捕获威胁的场景，在这个基础上我们来解释什么叫作中断威胁，即如果攻击者捕获了一个智能电网的控制器，那么他可以通过这个控制器来改变智能电网的运行状态，比如中断配电或充能系统、降低供电功率，甚至是关闭整个系统。

3.2.3.3 操纵威胁

最后一种系统安全威胁是指影响目标决策过程的威胁[43]，有很多种方式可以影响目标系统的决策能力。数据产生的那一刻，决策过程就开始了。一种可能的操纵威胁是在数据进入物联网系统之前就对其进行破坏。

在这种情况下，即使物联网的内部环境得到保护并且运行正常，但由于"正确系统"的行为是基于"不正确的信息"，因此安全问题仍可能出现。例如，在用于家庭的中央供暖系统中，恒温器携带着传感器，这些传感器能够对附近位置的问题进行测量，并且它能够周期性地将数据报告给中央控制器，中央控制器则通过接收到的信息来调节室内温度。如果攻击者想要操控控制器的决策过程，他可以在传感器前面放一个燃烧的打火机，这样传感器就会检测并发现温度出现异常升高，中央控制器根据传感器的错误信息则会大幅度降低室内温度。

除此之外，系统的决策过程可以通过损害物联网中复杂程度比较低的元素（如 RFID 标签或 QR 二维码）来实现。攻击者可以通过替换标签或者修改标记中的信息来操纵嵌入的数据。

当然，针对决策系统还有更严重的攻击行为。例如，恶意替换或使用那些作为系统数据"入口点"的设备，比如传感器等设备。此外，"入口点"设备的控制器也可能受到攻击从而影响整个系统。

最后一种操纵威胁的方式是当两个设备进行传输数据时，数据的完整性被外部干预所篡改，而这种干预是未经授权的。例如，中间人攻击、重放、欺骗之类的攻击对数据完整性构成了这样的威胁。

想要减轻这些威胁十分困难，这是因为物联网具有设备众多、分布广泛、设备具有移动性等特点，这些特点也可能导致物联网的攻击难以被发现。物联网其他的特点，比如异构性、互操作性以及高度分散的设备群，要求设备之间需要进行大量的相互通信，这也就增加了中间人攻击、欺骗和重放攻击的可能性。

3.2.3.4 系统安全威胁违反的安全准则

图 3.5 给出了三种基本威胁类型可能违反的安全准则。

核心安全指标 → 威胁种类 ↓	可用性	保密性	完整性	真实性	授权性	可溯源性
捕获威胁	✘	✔	✔	✔	●	✔
中断威胁	●	✔	✔	✔	✔	✔
操纵威胁	✔	✔	●	●	✔	✔

✘	不会破坏
✔	可能破坏
●	总是破坏

图3.5 系统安全威胁具体分类

● **捕获威胁违反的安全准则**

捕获威胁本质上是一种被动的威胁。与其他两种威胁类型不同，捕获威胁本身不会影响目标系统的功能，但它给攻击者提供一些攻击的便利。捕获威胁主要破坏系统的机密性、真实性以及相关授权。此外，捕获威胁也可能是由可信问题或不可否认性问题引起的。

机密性：当攻击者获得对系统的控制权时，它可以访问系统中存储的数据。如果数据未得到适当保护，未经授权的攻击者可能会得到一些关键信息。例如，在窃听攻击中，即使入侵者获取到信道中发送的数据分组，只有当入侵者可以对受保护的数据进行解密时，这才会变成一个机密性的问题。通常，违反身份验证或授权会增加违反机密性的可能性。

完整性：系统的完整性是否受到影响由捕获攻击的形式所决定。对于系统捕获攻击而言（指的是获得物理或逻辑系统的控制权），攻击者能够影响系统的行为，从而影响其一致性、准确性和可信性。因此，系统一旦被捕获就意味着系统的完整性遭到破坏。对于以窃听攻击为代表的信息捕获攻击而言，虽然攻击者拿到了关键性信息，但攻击者可能无法创建、篡改或重放该信息。因此，信息的完整性可以保持不变。

真实性：确保系统中每一个实体（用户、设备或数据）的真实性至关重要。在捕获攻击中，入侵者获得对系统的控制权，或者通过盗用授权实体的身份来访问信息，此时真实性就遭到破坏。由于捕获攻击不涉及任何针对系统的中断或操纵行为，数据的真实性仍然完好无损。身份盗用或身份欺骗攻击是破坏用户或设备真实性的一个例子，入侵者使用某个授权实体的身份获得对系统或信息的访问。当然，如果系统遭受了捕获攻击，也不一定意味着系统的真实性遭到破坏。比如入侵者不是通过伪装成一个授权人员来获得系统访问权限，而是利用系统自身漏洞（比如通过 SQL 注入攻击数据驱动的应用程序[163]），或者通过使用系统默认的用户名或密码，那么即便发生了捕获攻击，系统的真实性也没有遭到破坏。

授权：虽然授权和认证是两个不同的概念，但它们在内涵上是高度一致的。任何形式的捕获威胁都会包含违反授权的行为。任何"不受欢迎"的实体试图获取他们未经授权的系统或信息的行为都是违反授权政策的[92]。

可信性或不可否认性：捕获威胁可能会导致破坏可信性或不可否认性。在捕获攻击中，当攻击者破坏了真实性（以及授权），即当攻击者窃取了授权实体的身份或者利用授权实体身份对系统进行欺骗时，攻击者在系统中的所有行为都无法被准确地追踪，也就是说，攻击者可以对其行为进行抵赖。

● 中断威胁违反的安全准则

中断威胁主要是为了破坏或降低系统的应有性能，或者完全破坏系统或拒绝其服务。捕获攻击之后是否紧跟着一个中断攻击并不确定[79]。中断攻击可能导致违反任何一个或所有的安全要素，比如可用性、机密性、完整性、真实性、授权、可信或不可否认性。

可用性：在物联网系统中中断攻击很容易实现，特别是由于物联网设备众多、单一设备资源有限、设备物理分布不安全等因素。设备可用性是使得任何信息网络正常运行的一个关键性因素。任何形式的拒绝服务攻击[119]都是通过阻碍网络设备的通信，使得网络设备无法获得相应的网络服务。连入物联网的设备大多资源受限，也就是说，它们只有较小的处理、存储以及供电能力。因此，通过这些设备来完成一些超出它们本身性能的工作将严重危及设备的可用性。处理器耗尽攻击是一种典型的资源耗尽型攻击，在这种攻击中，大量故意产生的请求和任务使得设备一直处于占用状态。另一种资源耗尽型攻击是通过让设备长时间处于过度工作状态，而且不允许设备进入节能模式（睡眠剥夺攻击[49]），从而减少设备的使用寿命。当目标系统仍然处于活跃状态而系统行为发生改变时，也会破坏系统的可用性。例如，企业的网络设备（如网关、路由器、DNS服务器）或者互联网的配置出现错误，这种错误可能来自于授权人员的失误，也可能来自于攻击者的攻击。

机密性：如果被盗取的数据并没有被加密，那么攻击者有可能从中提取一些机密信息。因此，中断攻击可能会导致系统机密性被破坏。

完整性：在中断攻击中，攻击者的目的在于破坏系统的运行性能。因此，这些攻击肯定要想方设法破坏系统行为，以及生成或控制数据的一致性、准确性和可靠性。因此，系统和信息的完整性都会被破坏。

真实性：与捕获威胁类似，如果在中断威胁中出现了一个未授权入侵者，它使用其他授权实体的身份来控制系统和信息，那么用户或设备的真实性就会遭到破坏。但与捕获威胁不同的是，数据的真实性在中断威胁中也可能不被破坏。例如，在重放攻击中，即传输过程中一段有效数据被攻击者提取并重复使用。在这种情况下出现中断攻击就有可能不会破坏数据的真实性（如 DoS 攻击）。

授权：在攻击中授权性也可能被侵犯，在这种攻击中，攻击者会使用一些未授权的功能。例如，当攻击者将企业、互联网网络设备（如网关、路由器或 DNS 服务器）的配置进行修改以操纵网络流量时，攻击者就需要访问这些实体。这就意味着攻击者需要侵犯授权。另一方面，在物联网基础设施中针对设备的拒绝服务攻击也可能不破坏授权性，这些攻击只是通过使设备处于超负荷的工作中来耗尽芯片的计算存储能力以及电池的能源。

可信或不可否认性：可信或不可否认性也可能在中断威胁中被破坏。例如，在破坏真实性（授权性）的攻击中，即攻击者盗取或欺骗得到一个授权实体的身份，攻击者通过这一身份对系统的操作行为无法真正追踪到攻击者。因此，可信或不可否认性就丧失了。重放攻击是一个比较合适的例子。由于全世界目前有海量的移动智能设备，对这些设备部署高效的访问控制机制就成了巨大的挑战。针对设备连入和登出物联网，目前还缺乏比较完善的访问控制和安全引导机制，这就有可能引发设备身份问题，从而导致可信或不可否认性遭到破坏。

●操纵威胁违反的安全准则

在某些情况下，操纵威胁可以通过某种形式的主动入侵来实现，而在另一些情况下，操纵威胁甚至可以在没有任何系统入侵的情况下实现。在所有形式中，操纵威胁都可能侵犯机密性、完整性、真实性、授权以及可信或不可抵赖性。

保密性和完整性：当数据在传输过程中被攻击者篡改，数据的保密性和完整性就会受到破坏。这种攻击行为一般发生在Internet 或 Intranet（企业网络和低功耗和有损网络[223]）以及存储数据的设备上。此外，针对嵌入数据的篡改，比如通过恶意替换标签或修改标签信息，或恶意替换作为数据进入系统的"入口点"的设备（如传感器），设备完整性也会受到损害。

真实性：在操纵攻击中，总是伴随着数据真实性的破坏。因为通过两种方式可以影响物联网系统的决策周期，一是通过将不正确的信息反馈给物联网环境（参见3.2.3.3节）来实现，二是通过对系统中存在的数据进行修改（如中间人攻击）来实现。此外，通过在"不正确的时间"使用原始数据也可以实现操纵攻击（如重放攻击）。

授权：与捕获威胁不同，并不是每一次操纵威胁都会产生授权的侵犯。只有在攻击者试图通过主动干预通信通道（如中间人攻击）或破坏某些设备的完整性来操纵数据的情况下，才会出现权限破坏的问题。

可信或不可抵赖性：操作性抵赖可能导致损害系统的可信或

不可抵赖性。例如，入侵者对登录数据或记录登录配置的数据进行操控，这样的攻击不会直接影响目标系统的性能，但会危及跟踪基础设施中某些活动的原始参与者的能力。

3.2.4　隐私威胁

隐私是与物联网息息相关的一个主要问题。物联网提供的泛在网络使得隐私问题成为一个挑战。1890年，沃伦和布兰德将隐私定义为"独处的权利"[220]。虽然这一久经时间考验的定义到现在仍然有效，但自1890年以来这一定义也发生了很多变化。在近几十年来，区分公共和私人的观点发生了改变，这一改变可以归结为若干个原因，然而互联网以及手机移动网络对隐私的影响远远超过其他因素。现如今互联网和物联网的融合发展使得有必要进一步扩大隐私的概念，隐私不仅仅指的是个人隐私，还应该包括信息和物理隐私[98]。

物联网的普及和应用促使了大数据时代的到来[3，171]。大量数据的产生带来了严重的数据管理问题。这就迫切需要一个有效的数据管理方法[216]来防止物联网环境变得无法控制。像脸书（Facebook）这样的社交网站已经深刻影响了用户相互之间的交流和工作情况[142，224]，这些信息的泄露和曝光所产生的后果是非常严重的。

想要理解什么是隐私权，就必须首先明确隐私和安全的区别。我们倾向于关注事件的结果及其对我们生活的影响，这使得隐私和安全问题之间的区别非同小可。例如，对于将信用卡号提供给第三方这件事情，人们往往不认为这是一种威胁。但是，当第三方盗用或者滥用信用卡号等信息时，人们又觉得这是一种安全和隐私的威胁，并寻求解决方案[28]。因此，必须明确安全性和隐私性之间的区别，并且必须能够理解安全威胁和隐私威胁之间可以相互转化。未经授权的第三方获取信用卡的详细信息应视为一种对持卡人的隐私侵犯。如果第三方通过获取的信息来捕获、破坏、操纵用户虚拟或实体的授权行为，那么就会产生安全威胁。

同样，一个攻击者侵入一家企业的数据库服务器也应被视为一种安全威胁。只有入侵者获得对敏感数据的访问权，如员工详细信息或客户的文件，才会出现隐私威胁。虽然诸如社会工程[215]这样的行为侵犯了个人的隐私，但它可能不涉及任何安全威胁，因为社会工程往往是通过揣摩人们的心理引导他们自己说出一些隐私信息。当然，这种行为最终也可能导致一些安全威胁。例如，通过社会工程窃取用户的登录口令可能导致系统遭受捕获攻击、中断攻击以及操纵攻击。

隐私指的是隐藏个人信息以及控制与这些信息相关的事情的能力[27]。根据文献[28，181]中隐私的定义，本书将隐私威胁定义为将敏感数据泄露给未经授权或要求拥有这些数据的实体（个人、企业或人工智能）所造成的一系列可能事件。具体的情况，可能是错误的数据被掌握在错误的实体手中，也可以是正确的实体掌握过多的数据。隐私威胁一般不会对数据的实际所有者产生影响。

根据获取数据的动机，隐私威胁一般由以下基本威胁要素组成。

行动预测威胁：隐私入侵者将获得的数据用于确定或预测数据所有者未来的行动。例如，通过分析一个家庭的用电数据，可以估计在一天中的不同时间段家庭成员是否在家的情况。

● 关联威胁：这些威胁由特定智能设备与个人的关联构成。例如，当客户购买带有电子产品编码（EPC）标签的商品时，客户标识和商品的电子序列号之间会建立关联。这种关联可以有很多种方式来利用，比如对设备的持有者进行秘密跟踪。

● 偏好威胁：根据个人拥有或携带的设备的身份信息，可以预测个人的品味和偏好，甚至财务状况。

● 位置隐私威胁：基于位置的服务为用户带来了许多便利以及经济利益。然而，位置信息被未经授权而泄露出来是用户担心的一个主要问题，这也给用户隐私造成严重威胁[97, 233]。

● 数字阴影威胁：数字阴影意味着人、企业或对象可以通过物联网和其他数字记录[199]间接地找到。与实体（个人、企业、对象）相关的智能设备构成唯一的数字阴影。数字阴影通过关联属性来推测一个未知实体[191]的身份和功能。攻击者使用这个数字阴影来识别、跟踪实体，而不必知道其真实身份和能力。

● 业务监控威胁：当标记对象从一个实体移动到另一个实体时，可以推断两个关联实体之间的业务。

这些基本威胁因素共同构成了更为复杂、现实的复合威胁，主要有以下四种：

● 不受欢迎、非法监视威胁；

● 用户画像威胁；

● 主动入侵威胁；

● 持续足迹威胁。

3.2.4.1 不受欢迎、非法的监视威胁

物联网很容易被恶意攻击者用于非法监视。将来，这些智能互联网连接模块可能允许未经授权的一方接收比它们应该或当前可以获得的信息更多的信息。例如，恶意实体可能能够通过安装在玩具中的摄像头监视儿童，通过在"智能鞋"中的嵌入式系统监视人们的动作，通过连接到互联网的智能门锁以及智能电表中电力的使用情况（如图3.6所示）来监视家庭成员何时离家和回家。

在连入互联网的汽车[115]、医疗设备和智能家居[89，173]中，研究人员已经成功地发现存在很多漏洞可以对上述设备进行恶意活动。TRENDnet 公司是一家无线摄像头生产商，它的产品可以将动态捕捉的视频发送到计算设备。根据联邦贸易委员会[181]提交的一项针对这家公司的投诉，有近700台该公司生产的无线摄像头被黑客入侵，并且提供信息的在线下载服务。这些信息有未经授权的录音，比如婴儿在床上睡觉、幼儿玩耍以及成年人的日常活动[16]。

不受欢迎或非法的监视威胁可通过以下一种或多种威胁来实现，比如关联威胁、位置威胁、数字阴影威胁和业务监视威胁。

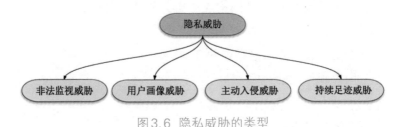

图3.6 隐私威胁的类型

3.2.4.2 用户画像威胁

用户画像可以被定义为一种收集、整理、分析用户数据的行

为，它可以为与用户有关的识别、隔离、分类和决策提供便利。从营销和研究的角度来看，它是一个强大的工具。即使对于安全和执法，它也被证明是有用的。由物联网连接设备提交的匿名信息可以用来完成一份针对设备所有者详细特点的画像。根据这些画像所提供的信息以及心理、统计和习惯常识，第三方机构可以实现广告的精准投放。

这种定向广告是一种非常完美的媒介，它可以让卖家找到最"理想"的消费者，让消费者找到最"完美"的商品。但是，它也会成为对用户个人空间的一种侵扰。约翰·巴瑞特（John Barrett）博士在他的演讲中提供了一个例子[19]。假设一个心脏病患者安装了支持蓝牙的起搏器，当心脏起搏器检测到患者心律失常时，它会通知这个患者的手机。手机建议患者坐下来，通知医院并叫救护车。这些都是该技术的好处。然而，患者刚刚试图放松，就在手机上收到一些关于心脏问题的"神奇药物"的广告！更进一步，如果人寿保险公司能够在等待救护车的同时实时访问患者的健康数据，患者可能会收到另一条消息，通知保险费增加了25%！

用户画像威胁可通过以下一种或多种威胁来实现，比如操作威胁、关联威胁、位置威胁、首选项威胁以及业务监控威胁。

3.2.4.3 主动入侵威胁

在我们日常生活中，物联网正在达到这样一种融入程度：企业或个人的安全以及隐私泄露都可能导致灾难性后果。文献[15]中发生的事情证实了这一种观点，即黑客能够侵入智能汽车的操作系统并操纵仪表板上显示的信息，使得显示的速度可以低于或者高于汽车的实际行驶速度，此外还可以操纵燃油信息。

甚至更糟糕的是，在正常驾驶过程中攻击者可以让汽车突然打开安全气囊或转动汽车的方向盘。在智能汽车、智能家居[7, 16, 89]中这样的例子还有很多，在这些情况中智能的联网设备中的漏洞被攻击者利用并发动攻击。调节冰箱、启动加热器、解锁门、操纵汽车等等，攻击者具有远程完成上述事情的可能让人不寒而栗。

3.2.4.4 持续的足迹威胁

持续的足迹指的是，当个人收集智能对象时，他们会在公司信息系统中构建与其身份相关联的项目数据库。即使在丢弃对象之后，该关联也可能持续存在。持续的足迹威胁主要考虑通过滥用被丢弃的智能对象进行某些恶意行为。与滥用对象关联的唯一标识就是原始所有者的标识，这给核查设备的可信性和相关执法工作带来了困难[106]。

3.2.5 信任和声誉威胁

本书介绍了一种新的物联网威胁类型，此前的研究工作都没有涉及这种威胁类型。这种威胁类型考虑了一些恶意行为可能对外部的真实物联网系统服务提供商的影响，比如损害服务提供商的声誉，或导致客户信任的降低。这里服务提供商指的是设备或技术的制造商以及使用物联网基础设施提供服务相关企业。这些活动也可能影响服务提供商的金融市场[57]。尽管前两种威胁类型也会损害服务提供商的声誉，比如由于制造商设备损坏导致服务受到影响，但考虑到实施这些行为的特点，这些威胁是独特的。这些威胁不涉及对原始系统的任何主动入侵，因此原始系统仍然是安全的。实际上，攻击者和原始基础设施之间可能根本没有任何交互。这些威胁利用了物联网系统与用户之间接口的不足，以及服务提供商为了向用户提供服务而对其他代理的依赖性。

有三种可能的活动类型可以对物联网基础设施的利益相关者构成信任和声誉威胁：

● **虚假陈述威胁**

这种威胁类似于基于 Web 的交互中的经典网络钓鱼攻击［187］。在网络钓鱼攻击中，攻击者试图通过伪装成可信赖的实体来获取用户的敏感信息（如登录口令、信用卡详细信息等）。那些声称来自知名社交网站、金融机构或在线支付门户网站通过各种方式对不明真相的用户进行电信诈骗。在物联网生态系统中，也可能出现类似的情况：用户被一些虚假实体误导，这些实体通过非法手段伪装成企业、服务提供商或设备制造商，以获得个人利益、侵犯用户隐私，或者至少给用户带来不愉快的体验。在以上所有的情况中，被冒用的真实实体的声誉都会受到损害，以下是两个这样的场景。

阿伯丁郡（Aberdeenshire）议会已经开始为智能手机提供访问巴士站时间表信息［78］的相关服务。客户现在可以通过扫描二维码，或者"点击"它们手机上的近场通信（NFC）功能来与公交车站进行交互。这些应用体现了物联网带给我们信息和服务的方便。这些技术可以使信息流通和更新变得更加高效和便宜，但是这些应用程序也产生了许多问题。用户如何能够知道此类随时随地服务的提供者是否有相应的权限？用户又如何能够知道所扫描二维码的真伪性？在一些公共场所，比如公共汽车站，恶意替换这些最初的"东西"（在这个例子中，是二维码）当然是可能的。这可能导致用户被重新链接到一些伪装成原始服务的恶意服务，并对访问者造成伤害（如隐私入侵），或通过为用户提供一些伪劣商品而损害公共运输公司的声誉[29]。在使用这些应用的过程中，应用程序收集了哪些用户数据、这些数据将被如何使用、数据将传输给何人，对于这些问题用户可能毫不知情[183]。

另外一个相关的例子是，一些未经授权的制造商对一些硬件、固件、软件或者是"物品"的安全配置进行仿制，然后在市场上以低廉的价格出售这些盗版产品来获利[105]。对于用户来说，这些产品看上去能够很好地工作，但实际上，它们也许只能提供较差的服务，甚至在某些产品中还植入了恶意功能，比如说留下可被攻击的软件后门。这些盗版产品可能会对原始生产厂商带来声誉的损害。

● 滥用服务或产品威胁

任何外部实体使用某一个服务提供商的服务和产品来执行违反他人安全、隐私甚至声誉的行为，也会损害服务提供商本身的声誉。尽管服务商的服务或产品本身可能没有任何不足之处，但这些威胁可能会对服务提供商的声誉和财务状况产生负面影响。例如，恶意用户可能会不恰当地使用谷歌眼镜、智能手表等设备，比如说在某些地方秘密收集信息，这些行为是非法或不受欢迎的。这种侵犯隐私的行为可能会最终导致安全或名誉威胁。尽管此类事件不涉及对产品或服务完整性的破坏，但由于服务或产品与事件是密切联系的，这些事件无疑会破坏服务或产品的声誉并影响用户对它们的信任。这也会导致用户对服务或产品形成偏见，甚至是非常严厉的政策[14，76]。对于这些问题，本书第5章提出的社会治理框架可以证明是一种有效的解决方案，它可以最大限度地减少此类威胁，保护用户和服务提供商的利益。

●关联实体的不当行为威胁

物联网是一个复合系统，一般来说，服务提供商通常自身并没有用于提供服务所需的整套基础设施，因此它们需要与其他企业和设备制造商合作。在这种设置中，服务提供者的安全性和隐私的稳健性将受相关实体的性能的影响。但是，相关实体安全或隐私保护的质量可能不在服务提供商的管辖范围内，如果这些实体的行为不符合标准或者是恶意的，那么它们最终会损害服务提供商的业绩和声誉。

使这类威胁成为可能的因素有：

●脱离原有的基础设施：事实上，这些攻击也许不会涉及攻击者与真正的基础设施之间任何交互，这使得即便是最复杂、最安全的物联网系统也容易受到此类威胁。

●用户无意识：用户对物联网技术（服务、设备及其功能）、安全使用实践以及其行为的后果缺乏正确的理解，导致越来越多的用户成为此类恶意陷阱的受害者。

●物联网服务的泛在性和普及性：企业致力于向更多的人提供服务，这导致了大量智能设备具有特别高的复杂度以及特别广泛的物理分布。这使得保证这些设备的物理安全非常不切实际。

●易发动攻击：发起此类攻击的必要条件是成功地欺骗用户使用恶意服务而不是原始服务。因此，这类攻击并不需要很复杂的技术。正如前面例子中所解释的那样，一个像二维码那样普通和简单的元素可能足以绕开银行先进的安全机制，从而利用客户对金融机构声誉的信任。

第4章　物联网安全

安全性和隐私性是制约物联网普及和被用户接受的主要因素。图4.1来自文献［179］，这张图显示了活跃在信息技术界的安全人员对物联网安全问题的看法。根据文献［213］，当我们把时间往前推就会发现，互联网对安全和隐私的需求不断减少。因此，安全和隐私并不是设计互联网的一部分。随着互联网向物联网演变过程的不断深入，很多安全问题和隐私问题就出现了。对待这些问题，我们通常通过对软硬件进行升级或者打补丁来解决，因此，安全和隐私通常被视为是一种增强的功能。如3.1节所述，物联网易受攻击的特性决定了必须将安全和隐私问题考虑到物联网的设计之中。此外，除了安全和隐私的技术模型，一种可靠的物联网生态系统还需要重新考虑维护管理、经济、社会伦理等相关因素。

本书认为在以下四个广阔领域中所做的工作，将对构建一个有效、安全、可靠、稳健和安全的物联网生态系统有着至关重要的作用。

- 使物联网更加安全和私密；
- 标准化；
- 管理方法；
- 社会意识。

4.1 使物联网更加安全和私密

根据文献[191]，本书认为，为了保护物联网安全和隐私，必须在以下领域开展工作：

- 网络和协议的安全；
- 数据与隐私；
- 身份管理；
- 信任管理；
- 容错机制。

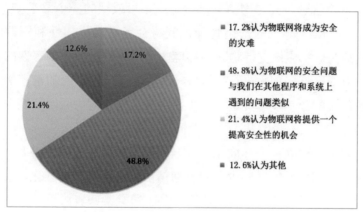

图4.1 关于物联网安全的看法[179]

4.1.1 网络和协议的安全

异构性是保护物联网基础设施面临的最大挑战之一。在低功耗和有损网络标准（如 IEEE 802.15.4 [116]）下运行的高度受限设备需要打开安全的通信通道，与在互联网中那些使用标准互联网协议（参见3.1节）的功能更强大的设备进行通信。根据文献

[191]，确保此类通信的主要因素是：

- 轻量级密码算法；

- 高效的密钥管理；

- 标准化安全协议。

物联网中资源受限设备的存在，使得现有很多高资源密集型密码算法的实现变得不可行，如 AES 密码算法[75, 95]。物联网的密码机制需要资源密集度更低、速度更快，同时能提供相同级别的安全性。这些机制可能包括对称算法、散列函数和随机数生成器[191]。

密钥管理是安全网络基础设施中不可或缺的一个要素[75, 95]。一个"有效"的密钥管理机制将会考虑其异构性和资源受限的成员。它应该支持物联网环境中大设备数量和高动态性的管理。根据文献[191]的研究结果，手动配置设备中的加密密钥，以及传统的公钥技术无法进一步扩大规模来应对物联网环境中设备的异构性、大量性和多样性等问题。

最终，建立一个标准化的安全和通信协议成为一种需要。在传统互联网以及物联网中的所有通信协议都应当被标准化，来保证通信标准的持续性，避免使用一些不适合某些资源受限的系统成员的通信和安全协议，或者避免任何危及端到端安全的中间协议转换[55, 105]（参见4.2节）。这些标准的数据通信和安全协议要求充分满足物联网的性能目标，但也在互联网框架下提供协议的原始安全属性[105]。

文献[115]首次为高度受限的嵌入式设备提供了一种端到端的安全架构。它使用椭圆曲线加密技术来证明在资源受限的嵌入式设备上进行公钥加密的可行性，并有效地实现了一个完整的安全 Web 服务器堆栈，包括 SSL、HTTP 和用户应用程序。

● 基于 IP 的安全解决方案

根据文献［105］，许多 IETF 工作组正在为物联网中的资源受限网络设计所有基于 IP 的解决方案。例如，6LoWPAN 工作组正致力于研究有效传输和适应 IEEE 802.15.4 网络上的 IPv6 数据包的定义方法和协议［161］。核心工作组为在 6LoWPAN 上运行的面向资源的应用程序提供了一个框架。核心工作组提供了受约束的应用程序协议（CoAP）［204］，它是 HTTP 的一个轻量级版本，运行在 UDP 上。

物联网的一些主要基于 IP 的安全协议和程序有互联网密钥交换或互联网协议安全（IKEv2/IPSec）［136］、传输层安全或安全套接字层（TLS/SSL）［91］、数据报传输层安全（DTLS）［182］、主机标识协议（HIP）［164］、网络访问身份验证协议（PANA）［102］，以及可扩展身份验证协议（EAP）［38］。文献［105］讨论这些协议和程序的实施。在网络层或网络层以上运行的 IKEv2/IPSec 和主机标识协议（HIP）执行密钥交换，并为安全有效负载传递设置 IPSec 转换。IETF 工作组目前正在致力于开发 Diet HIP，这是一种 HIP 的变体，专门设计用于解决低功耗和有损网络中的认证和密钥交换［105］问题。传输层安全性（TLS）和数据报传输层安全性（DTLS）分别用于保护传输层的 TCP 和 UDP 连接。可扩展身份验证协议提供了一个支持多种身份验证方法的身份验证框架。它运行在数据链路层上，不需要部署 IP。EAP 支持重复检测和重新传输，但不允许数据包分段，而运行在 EAP 对等端和 EAP 验证器之间的 PANA 支持客户端和网络基础设施之间的网络访问身份验证。

● 无线传感器网络安全解决方案

文献[105]总结了针对无线传感器网络设计的各种关键协议和隐私保护协议，提出了针对传感器网络的随机密钥预分配方案[66]或更集中的 SPIN 解决方案[178]。在 ZigBee 传感器网络标准中[32]，ZigBee 网络中通信设备之间的安全关系通过在线信任中心来维护。

4.1.2　数据和隐私

在 3.2.4 节中，我们讨论了在物联网生态系统中隐私的重要性以及对隐私侵犯的影响。由于 RFID 技术是物联网技术一个最主要的推动技术，文献[113]以 RFID 技术为例讨论了物联网隐私的影响，并建议以尊重隐私和安全的方式开发物联网系统的可能解决方案。

为了解决物联网生态系统中的隐私问题，文献[191]提出了三个关键问题：

● 设计隐私；

● 透明度；

● 数据管理。

设计隐私（PbD）是一种理念，它支持使用工具来控制用户生成的数据。文献[201]提供了 PbD 的三种定义。

首先，PbD 意味着将数据安全条款作为信息系统设计的一个整体部分。

其次，PbD 是指收集和处理最少的个人数据（数据最小化原则）。

最后，PbD 意味着需要对原有安全技术的未来脆弱性进行全面地分析和评估。

设计隐私正在许多领域内应用。根据这一理念，用户生成的任何数据都可以由他们使用动态权限工具进行控制，该工具可以限定其他用户访问的数据范围。因此，用户在使用任何服务过程中，可以控制他们提供给服务供应方个人数据的数量和内容。例如，位于纽约中央公园的用户可以使用基于位置的物联网服务，给服务方提供一个不太精确的位置信息，比如他在纽约。此外，智能家用电器，如冰箱或智能加热器，对它们收集信息的类型、发送给谁，以及这些信息的用途做到透明。

2010年10月，国际隐私和数据保护组织批准了一项具有里程碑意义的决议。这项决议将设计隐私作为隐私保护中一项重要的组成部分，并鼓励将 PbD 原则作为组织默认运营模式的一部分[65]。透明度是隐私保护的另一个基本要素。文献[145]将透明工具定义为一种隐私增强技术，这种技术试图改进数据主体对其数据配置文件的理解和控制。目前，物联网的泛在性和普及性，导致了用户对生活各个领域的技术解决方案的高度依赖性。随着物联网服务和设备的日益复杂化，用户对管理其数据的实体以及这些实体如何、何时使用数据缺乏全面的了解。这就要求服务提供商向用户提供完全透明的服务。企业应该能够根据用户同意提供的数据的数量和信息深度来调整其服务。

透明度工具的一个例子是隐私指导[59]，这是一个移动电话应用程序，它为用户提供所处环境中的所包含的 RFID 标签信息，并帮助他们做出隐私决定。与大部分努力在 RFID 标签本身上实施隐私增强的技术不同，隐私指导在客户隐私偏好和公司隐私政策之间起到了中介作用，它试图在两者之间找到匹配点，并将结果通知给用户。隐私指导还实现了设计隐私，因为它为用户提供了控制周围 RFID 标签所获取数据的功能。总体而言，隐私指导使用户能够通过用户友好的方式做出明智的隐私决策。另一个针对透明性和可靠性增强工具的例子是值得信赖的微小事物项目（Trusted Tiny Things Project）[183]，该项目提出了一种基础设施解决方案，它使得用户能够通过查询物联网系统发现有关生成、收集、处理，以及是谁在处理用户生成的数据等关键信息。该解决方案的基础是用来描述设备信息的附加数据。作者还认为，根据链接数据原则，通过发布有关设备或服务的信息可以实现这一功能[51]。随着"物品"变得更加相互关联，这种附加数据还应包括来源信息：创建和使用数据所涉及的实体（设备或服务）和过程（数据传输、数据分析、决策）的记录[120,130,205]。事实上已经确认，正规的信息来源对于用户（和机器）更好地理解和信任数据至关重要[162]。

数据管理涉及一个关键问题，即在数据的整个生命周期内，将数据委托和限制管理给合法和授权的实体[191]。但是，物联网典型的资源受限实体可能无法部署标准数据管理策略，即加密机制和旨在保护数据的协议。正如文献[191]所述，这里必须有关于如何管理各种数据的策略以及一些策略执行机制。这些数据管理策略的开发和实施是非常重要的，因为它需要解释、翻译和优化协调一系列规则，每个规则可能使用不同的语言。此外，这些政策必须符合有关数据保护的立法，而数据保护本身可能会演变。

4.1.3　身份管理

物联网体系结构包括现有的网络和服务，而一些新颖独特的设备（如医疗保健行业中的远程健康监测设备、传感器等）则面临着一系列重要的技术挑战，其中之一是管理不同的用户和对象身份及其关系类型[96]。虽然物联网中的"身份"概念与经典网络中的"身份"概念相似，但物联网中的身份机制与经典网络中的身份机制有所不同[103]。经典身份管理（IdM）处理的是具有较长有效期的身份。例如，在电子邮件等应用程序中，用户的身份是长期的，也就是说，它们可能存在数月或数年。在物联网中，身份可能存在数月或数年，也可能存在数天或数分钟。例如，长距离运输的包裹将贴上一个唯一标识的 RFID 标签。它从一个物流中心移动到另一个物流中心，在这过程中它一直被跟踪、控制和连接。当包裹达到最后的运输地点，包裹对应的身份即被终止。

物联网中的物品通常与真实的人（所有者、制造商、用户、管理员等）有关系。由于身份关系可能随时间而变化，身份管理过程（如身份验证、授权）也会受到影响。

在经典的身份管理中，某些已建立的方法被用于管理身份。在身份验证方法中，身份属性通过安全通道进行传输，关键数据（如密码）被加密和保存。传统的身份协议集成了诸如完整性、可用性、真实性、不可否认性等安全元素，而在物联网中，许多通信协议并没有标准化，而且可能都不是基于 IP。系统中资源受限的成员缺乏处理能力、带宽或能量来支持复杂的加密、挑战响应过程或其他安全机制。在物联网中，对象必须为不需要人工中介的身份验证提供一些轻量级令牌或证书（对于提供密码之类的任务)。为了在传统身份管理中对个人进行更强的身份验证，通常将多个因素结合在一起。这些因素基于以下证明：

- 你拥有的东西（如令牌或证书）；
- 你知道的东西（比如密码）；
- 你是什么样的人（如生物统计学）。

在物联网中，最后两个证明不再适用于物品。文献［191］说明物联网的某些对象标识原则：

- 对象的标识与其底层机制的标识是分开的。网络中的计算机有一个 IP 地址，但它也有一个 MAC 地址，使其具有唯一的可识别性。

- 一个对象可以有一个核心标识和几个临时标识。

- 对象可以使用其标识或特定功能来识别自身。数字阴影［199］将用户的虚拟标识投影到用户对象的标识上，因此只能间接地指示用户的标识。

- 对象知道其所有者的身份。一个控制用户血糖水平的设备应该知道这些信息如何与用户的整体健康状况相适应。

一组物品也可以有一个标识，这也是需要管理的。身份证明也是身份管理的一个重要组成部分。物联网需要一个基础设施来允许物品之间的相互认证。此外，系统还需要在集中式和分布式身份管理之间取得平衡［105］。身份管理的其他重要技术还有匿名处理和假名创建。在物联网中，一个实体可能在不同的环境中运作，而且可能不想每次都暴露自己的身份。正因为上述这些原因，身份伪装技术正在迅速普及。例如，文献［94］提出了一种技术能够提高对智能电网的隐私保护。这一技术通过对智能电表发送电表数据的频率（如每隔若干分钟）进行安全匿名处理。虽然这种周期性的电表数据可能还是要发送给公用事业公司或电能配电网，但根据这些数据只能定位到某个比较宽泛的区域，而不是定位到某一个特定智能电表，从这一点看这些数据已经非常安全了。

文献[191]中讨论的其他关于身份管理的问题有：人和机器认证，授权和粒度。高系统安全性要求将身份验证方法相结合，比如将生物识别与护照、身份证或智能手机等对象相结合。这种组合通常以（我是什么＋我知道什么）或（我拥有什么＋我知道什么）的形式出现。身份验证和授权是高度相关的问题，因为它们一起决定谁有权承担某个角色。然而，类似代理这种问题也应该属于授权范围。粒度是与授权相关的一个概念。对象提供的服务可以根据提供的凭证数量进行调整，即权限变动。

将设备标识符和定位符相分离是一种创新的趋势，尽管目前还有两大问题没有解决[109]，一个是如何支持物理设备背后真实用户的体系结构，另一个是如何保护用户的相关信息。根据文献[69]，物联网身份管理的体系结构有很多种，包括那些涉及命名、寻址、路由和安全问题的体系结构，比如支持标识符定位符拆分体系结构（MILSA）和增强的 MILSA［174，176］。这些体系结构是基于身份而不是地址来使用分布式哈希表组织网络的［68，209］。其中一些架构涉及到将 ID 和定位器相分离[150]。根据文献[199]，将身份管理引入网络的问题首先由欧盟项目 Daidalos［9］解决，并在欧盟 ICT FP7 项目 Swift［30］下进一步研究。这些项目用一种垂直的方法解决了身份管理的问题，以及解决如何利用身份技术作为一种实现聚合的技术。虚拟身份的概念就与此背景相关[198]。其他著名的身份管理方案有：微软的 Passport［24］，微软的 CardSpace［21］以及 OpenID［25］。
虽然这些方案提供了针对一般的 Web 2.0 类型的解决途径，但它
们没有明确考虑在物联网环境中身份管理必须面对的大量设备
［199］。

　　文献［143］指出，大部分在 ID 框架下提出的解决方案都适
用于具有明确管理边界的情况，因此构建了"一个个具有相互沟
通的身份管理孤岛"。这些解决方案将问题从个体隔离转变为区
域隔离，还远远没有达到网络融合的水平，而网络融合正是物联
网一个关键的特点。

4.1.4　信任管理

　　信任应该被视为物联网的一个重要组成部分。物联网环境下
的信任包括以下两个概念：

- 减少不确定性：提高物联网构成要素的可信度。
- 用户体验：用户在与物联网交互时感觉到的舒适、安全
和便利。

　　目前，已经有很多信任模型规定了在动态协作环境中与物
联网元素交互之间的信任。例如，文献［149，219］中提到的是
物联网分布式信任管理系统的例子，而文献［61，67］是基于模
糊声誉的物联网信任管理模型的例子。这些模型使物联网对象能
够动态地选择一个适当的交互伙伴来完成某些功能，提高物联
网系统的整体可靠性。用户对物联网的信任可以通过以下方式逐
步建立起来，比如保护用户隐私、为用户提供对服务系统交互的
充分控制、为用户提供对虚拟环境的相关信息。研究发现，无助
感和受到某种未知的外部控制会极大地削弱物联网的信任价值

［191］，因此治理在加强对物联网的信任方面起着至关重要的作用［191］。文献［191］认为，制定和执行安全政策的共同框架对于支持互操作性和确保一致和持续的安全性有着非常重要的作用。本书第 5 章中提出的治理框架有着相似的观点。

4.1.5　容错机制

容错是保证服务可靠性的关键。对于物联网容错能力进行测试是很有必要的，主要是基于以下两个因素：

- 大量提供和使用服务的设备；
- 物联网中存在高度资源受限的成员。

物联网需要专门的轻量级解决方案来解决容错问题。文献［191］认为，实现物联网的容错能力需要三种综合措施：

- 在所有对象中构建安全性和容错性。在设计安全协议和机制的同时，还应提高设备的硬件、固件及软件质量。这将减少设备的物理漏洞。此外，为数以十亿计的设备提供软件补丁是无法实现的。

- 使所有物联网对象了解网络及其服务的状态。这需要交互对象之间能够持续通信，每个对象都向许多其他元素提供信息反馈。这项工作的一个重要任务是建立一个有助于监测状态的信任机制。

- 建立对网络故障和攻击的免疫系统并使对象具有自我恢复的能力。协议应该包含检测异常情况并允许对象适当地降低其服务的机制。对象应该能够使用入侵检测系统和其他防御机制来避免和防御攻击，此外还需要具有快速恢复受影响网络元素的能力。文献［191］建议，这些元素可以使用其他机制和实体的反馈来映射不安全区域的位置，即那些由于攻击导致服务中断的位置，以及不存在服务中断的受信任区域，并使用这些信息实现恢复服务。这些机制还可以将受损区域告知操作人员，然后执行维护操作，这种基础设施自我管理是物联网宗旨的关键。

4.2 标准化

标准化是物联网发展中的一个重大问题。在物联网主要在以下几个方面需要标准化：

- 通信协议和机制标准化；
- 发展标准化。

由于操作规模、异构性、互操作性要求以及物联网中设备复杂性的差异，通信协议和机制标准化是必要的。文献[123]指出，尽管当前基于 IP 的物联网安全的标准化工作不断取得新的进展，但迄今为止并不是所有的安全问题都得到了解决，至少有部分安全问题仍然没有解决。3.1节讨论了物联网中由于异构性和互操作性引发的安全问题，这迫切需要通信和安全协议的标准化来解决。文献[45，93]指出制定具体标准的必要性。文献[216]指出，在域内和域间的互操作性都需要相关的标准。在这里，域甚至可以是构建物联网的一个组织或者企业。域内标准可以通过经济高效的解决方案来实现。域间互操作性的标准需要确保参与域之间的合作，并更倾向于物联网应用。这里，同样需要端到端的标准安全协议和体系结构。在物联网生命周期过程中，标准化是一项至关重要的活动。在通过合作研究"预选"标准的同时，还应注意规范、立法、互操作性和认证等生命周期中的其他活动。

全面的安全保障还需要物联网设备和服务开发的标准化。开发标准化需要所有利益相关者的合作，并遵循相同的设计、制造和测试标准，以确保每个网络元素的一致性和可预测性行为，进而确保每个网络域的一致性和可预测性。全世界都在努力制定针对未来物联网发展的一系列标准。2014年2月18日，在日内瓦国际图联总部举行了名为"物联网：标准化趋势和挑战"的研讨会，在该研讨会上，多学科专家齐聚一堂对物联网领域的进展进行评估，并提出未来物联网发展的重点方向[20]。

4.3 治 理

治理，在社会组织的任何一个层次上，都是指由一个管理集体来处理公众的业务，这一管理集体由权威的规则、机构和实践组成[192]。治理对于物联网的结构化实施和增强其可靠性至关重要。根据文献[192]，物联网的健全治理将包括法律和社会两个方面。在法律方面的工作将意味着制定全面且高度相关（不一定抑制创新）的政策。在社会方面的工作将集中在执行物联网服务的开发标准，并确保物联网的安全实施和使用。然而，治理本身也是一把双刃剑。虽然一方面它提供了系统、稳定、支持政治决策和公平的执行机制，但在另一方面它很容易变得过度使用，从而导致形成一个持续监控和控制人们的环境。如果我们希望从互联网治理方案中吸取经验，那么在涉及无数利益相关者和对象的情况下来解决治理框架的挑战，就需要结合多个几个研究团体的共同努力。因此，"治理中的多种利益相关者"这一理念应被看作是一个有利于积极吸取整个社会力量的新的发展方向[222]。虽然物联网的未来发展很难预测，但人们一直希望能够获得一份在当前环境下针对互联网结构、体制问题和治理原则的初步评估。由于物联网使用互联网，因此对物联网的治理应该考虑和互联网发展的相关机构开展合作。欧洲未来互联网委员会[11] 就是这样一个组织。此外，文献[222] 还指出，鉴于两个框架（社会与商业）的利益相关者之间的差异以及它们追求目的的不同，考虑到具体的每个框架的需求，将物联网与互联网分别交给两个密切合作但各有分工的专门机构进行管理是一个合适的提议。

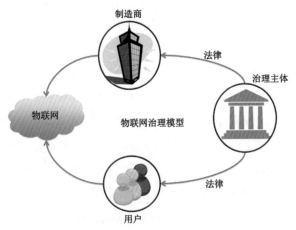

图 4.2 物联网治理模型

　　我们认为法律与社会治理有着非常密切的关系。想要制定一个全面的、符合时代发展的政策，并且不会过度限制用户或者开发者的创新性，立法者需要清楚地了解社会的需求和技术发展趋势。这将需要立法机构与其他利益相关者（创新者、企业和用户）之间进行充分的信息交流。除此之外，仅仅制定可靠的立法和政策还远远不够，还需要配备有效的政策执行机制。文献[191]指出，"未来的研究还必须仔细考虑治理和法律框架与创新之间的平衡。治理有时会阻碍创新，但创新反过来又会在无意中忽视人权。较好地平衡这两者之间的关系，可以确保物联网的稳定发展并造福人类，因此在这方面的努力是值得的"。图 4.2 给出了物联网治理框架。

　　拟议的社会治理框架（第 5 章）期望促进网络化社会中关键驱动因素之间信息的充分交流，以帮助制定合理的制造、法律或使用决策。该框架还将确保有效的法律制定和执行。这种框架还可以提供增强服务，以改进物联网的数据管理与可信性。

4.4　社会意识

　　在 2009 年 10 月于伦敦召开的 CASAGRAS 1 会议上，该项目主持人认为，政府、行业和企业仍然对物联网以及它所带来的效益缺乏充分的认识，而提高这种认识是更好地了解潜在物联网技术优势的关键环节。因此，在企业、政府和用户之间广泛地宣传物联网相关技术是至关重要的。

制造商、服务提供商和企业在开发物联网服务时需要考虑社会需求和法律义务。他们还对既定的发展标准进行不断更新。物联网设备及应用程序的开发人员应当全面了解安全开发实践。应用程序开发人员应通过遵守更好的代码开发标准、接受开发人员培训、威胁分析以及严格的软件测试来确保代码的稳定性、扩展性和可靠性。供应商应更新设备软件和固件以修复漏洞，但应避免不受信任的第三方进行应用升级。此外，设备制造商应在设备中建立尽可能高的安全性，设备必须至少能够抵御最常见的攻击。这种安全保障可以通过以下几种方式实现：一是使用现有系统工程工具来应对安全威胁；二是使用模块化的硬件和软件设计将安全模块纳入产品；三是尽可能使用现有的开放式安全标准，并通过严格的产品测试和审查。

管理机构需要了解社会偏好和技术的最新发展，以便能够改变它们关于数据安全、信息技术安全、操作技术安全和物理安全的看法，从而制定有效但不苛刻的安全策略。

最后，用户应该了解安全使用实践、与服务相关的技术和政策，以及他们的社会和法律义务。企业和服务提供商应通过向用户提供服务和设备功能的完整信息来保持它们运营的透明度。像隐私指导[58]和受信任的微小物品[183]这样的工具都可以提高用户的隐私意识。在用户购买服务过程中，供应商有义务将其设备中存在的已知漏洞告知用户。此外，了解更改默认密码和设置复杂密码等安全做法，掌握一些帮助用户控制服务及数据的工具和功能，有助于避免在物联网中由于人为因素而引发的安全事件。社会治理可以为物联网系统中每一个参与者获取所需信息提供一个理想的信息交换媒介。它还可以通过从治理循环中删除用户来降低所需的用户意识。以上讨论的治理和社会意识模型将用户作为建立治理的重要因素。在现有物联网环境中，尽管相关法律规定了用户允许和禁止的具体操作，但无法强制用户遵守这些规定。而有了社会治理后，除非设备遭到破坏，否则设备中的安全模块将强制用户按照相关法律进行操作。

图4.3总结了上述关于确保物联网安全、隐私、系统和稳定性的解决方案的讨论。

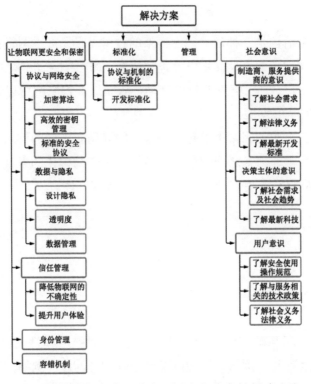

图4.3 物联网安全、隐私、系统和稳定性解决方案

第5章 社会治理

社会治理是一种建立共生框架的哲学，它促进了网络社会三个关键驱动因素（即服务和设备制造商、政策制定机构、设备和服务的用户）之间信息的自由流动，从而保证物联网得以快速、规范、安全的发展。

这三个驱动因素中的每一个都对物联网有不同的诉求。如果为这三个驱动因素之间的信息交换提供一个结构化的条款，物联网的发展将会有更好的方向性、稳定性和安全性。

5.1 网络管理与社会治理的演进

物联网基础设施的管理是一个主要问题。物联网管理处理诸如网络资源应该如何管理以及谁来管理等问题。例如，如果像麦吉尔大学（McGill University）这样的组织已经建立了网络基础设施，那么毫无疑问，麦吉尔大学应该管理网络基础设施，并规定如何使用网络资源。对于这种规模较小、封闭的网络系统，这种管理方案是合适的，因为网络产生的影响范围是有限的。大多数用户会担心他们的电子邮件和网络访问等问题。如果网络的管理方式不适合少数或多个用户，这种管理方式的效果就不太好了。随着物联网的出现和网络物理空间的融合，网络威胁不仅影响范围更广，还会对现实空间产生影响。举个例子，如果智能门锁或者智能灯的工作方式不被用户接受，那么给用户带来的不仅仅是生活上的不便，在某些情况下一个系统的意外或恶意故障会造成严重的物理后果。

早在20世纪70年代，简单网络管理协议（SNMP）就已经建立起来[64]。但自从这一网络协议被广泛使用以来，人们在实践过程中逐步发现它并不适合用来管理现代的互联网，因此后来又引入了基于策略的网络。

关于在分布式计算系统中开发策略管理框架的想法，相关工作已经做了很多[82，131，152，207]。在现有框架中，大部分目标是让企业能够将它们的操作安全策略规范化、程序化。这些编程策略可以运行并创建适合于任何部署场景的策略实例。例如，防火墙规则和数据库服务器上的访问控制策略是根据此类策略规范创建的。虽然策略框架主要是以逻辑为基础的框架开始的，但它已经演变为风险最小化框架，这更接近于社会治理的方法。

然而，策略管理框架的关注点仍然存在分歧。它们的目标是让企业决定如何管理其资源，而社会治理则是关于一个更大的社会，是物联网系统的关键参与者（比如用户、制造商）与决策者在政策制定和演变过程中的协作。

基于策略的网络管理在虚拟世界中运行良好。但是在物理世界中可能需要不同的功能。例如，在一个家庭中可能有一个孩子爱玩游戏。家庭其他成员可能会要求孩子把游戏机放在自己的房间以免打扰别人。孩子在他的房间里有自主权，但是在房间外面的房子里，他被要求不能给其他家庭成员带来不便。因此，产生影响的空间越大，针对治理就必须达成更广泛的共识。地方政策应当与更大范围的共识相一致，社会治理努力提供一个框架来促进解决这一问题。

社会治理还将有助于优化物联网各利益相关方的行动。例如，如果一个企业试图在某个特定的地区引入类似谷歌眼镜这样的产品，那么对该企业来说了解市场情况将是至关重要的。如果该产品只被允许在该地区一个很小的区域经营，那么在该地区销售该产品可能不是一个可行的决定。这些信息对消费者来说也是至关重要的。目前，还没有这样的基础设施可以促进实现这种应用。

总的来说，社会治理框架具有以下几个特点：

- 以协作的方式形成策略；
- 必须与不完善的政策协调运行；
- 需要根据用户操作制定一些策略规则。

5.2 框 架

图5.1说明了社会治理的框架。治理框架的目的是为这三个驱动因素提供足够的信息，从创新者或制造商的角度能够做出最

佳的创新或生产，从决策者的角度可以提供最优的政治决策，从用户的角度可以提供最佳的使用建议。在讨论每一对驱动实体之间的通信本质之前，让我们先讨论社会治理框架的两个关键元素：分层分布式策略管理系统和符合策略的智能设备。

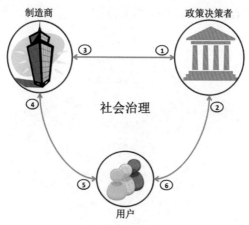

图5.1 社会治理框架

5.2.1 分级分布式策略管理系统

分级分布式策略管理系统（HDPMS）是一个"类似于 DNS"的[160]分级分布式系统，旨在协同地促进具有不同权限的决策机构制定的安全和隐私策略的实施。分层分布式系统在计算机网络中的使用非常普遍[128，132，157，190]。

分级分布式策略管理系统将确保位置和特定策略的高度可用性。分层策略管理系统在权限被分散和委托给多个机构的环境中非常有用。在现实场景中，一个区域的安全和隐私策略可能是多个具有不同权限的机构共同决策的结果。举个例子，一个国家的政府可能允许使用某种技术或产品，比如谷歌眼镜，但一个办公室的管理部门可能会禁止在办公场所内使用这个技术或产品。或者，一个办公室的管理部门可能对谷歌眼镜的使用没有具体规定，但是当地的法律可能已经禁止了它。因此，特定地区的政策必须综合考虑所有相关机构的不同政策。图5.2显示了由不同机构实施的安全和隐私政策的相关范围。

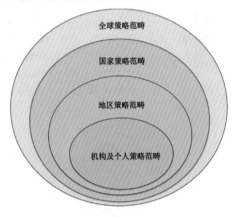

图5.2 不同机构实施安全和隐私政策的相关范围

层级政策管理系统将根据每个政策制定机构的级别提供不同的服务，然后根据政策级别的相对重要性制定决策[193]。权限在层次结构中从上到下递减。图5.3给出了典型的HDPMS结构。在本书5.2.5节中，详细讨论了根据现有层级结构而制定的相关政策。

在HDPM运行期间，策略服务器以策略响应消息的形式从更高级别的服务器接收策略信息（请参阅5.2.5节）。为了减少对策略请求的响应延迟，服务器把从更高级别服务器接收来的策略信息缓存一段固定的时间，之后才接受新的缓存数据。如果在服务器上接收到策略请求，并且更高域的相关策略在本地不可用，或者缓存数据已过期，则服务器会向其上一级发送请求策略的查询消息。HDPMS 可以具有一些增强功能，它们有助于使政策制定和执行过程更加动态和高效（参见5.2.8节和5.3节）。图5.4描述了典型 HDPMS 服务器的工作流程。

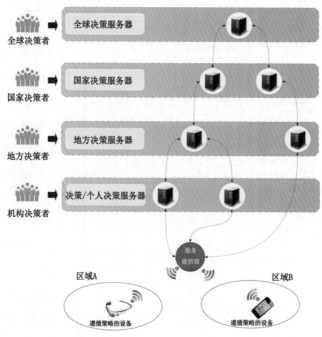

图5.3 分层分布式策略管理系统

5.2.2 符合策略的智能设备

随着越来越多的事物（设备、物品，甚至是生物）变得"智能化"、移动化和虚拟化，比制定可靠的安全和隐私政策更大的挑战是确保设备严格遵从政策。用于商业的物联网设备要求具有"基于细节"的安全措施，而不是当前"基于轮廓"的安全措施[175]。安全性是体系结构的一个固有特性和组成部分。对于加入到特定安全域的智能物品[105，197]，对智能物品进行安全引导是一种保证安全的有效解决方案。例如，如果某个组织所在地的设备试图访问该组织的通信基础设施，那么安全的引导将通过允许或拒绝访问该设备、监视和控制其活动来确保遵守策略。但是，如果一个智能设备在物理上已经受到保护的前提下拥有自己的网络工作连接（例如，3G 或4G 网络连接）时会发生什么？

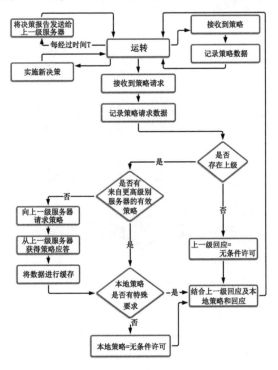

图 5.4 典型 HDPMS 服务器的工作流程

如何确保设备符合当地的规定？如果对此类设备的控制出现失误，那么可能会导致严重的安全和隐私侵犯。

文献[137]介绍了"具有策略感知能力的智能对象"，这是在能够感知活动的对象上加入一个嵌入式的策略模型。这些系统按照"静态"嵌入式策略运行。策略遵循的智能设备（PCSDs）可以是具有策略意识的智能对象的一个增强版本，它根据动态的、特定于某一位置的策略进行操作，而不使用嵌入式的策略。在物联网中，PCSDs 将在更广泛的区域得到应用。PCSDs 旨在确定其所在地区的安全和隐私政策并在本质上遵守这些政策，而不管服务所有者从事何种活动。使用 PCSDs 后，用户将无法控制遵守规则的程度。政策遵循机制将内置到 PCSDs 中，帮助避免恶意或无意地侵犯本地隐私和安全的行为。

PCSDs 的概念也受到隐私指导［58］和基于位置的策略规范语言（LoPSiL）概念［151］的启发。隐私指导明确获取用户希望使用的任何物联网应用程序或设备的产品策略，并使用户了解使用策略和含义。LoPSiL 用于指定用户的安全和隐私策略，然后将不受信任的应用程序与"策略程序"捆绑使用，来获得符合安全策略的应用程序。PCSDs 借鉴了文献［58］提出的"有策略意识的决策"概念，以及文献［151］提出的"应用程序中的安全和隐私违约"概念。

符合策略的智能设备的优势有：

- 物联网的设备严格遵守安全和隐私政策；

- 有效的策略强制减少了管理者及用户的人为干预；

- 几乎不会发生安全和隐私事件，提高制造商的声誉和产品可靠性。

5.2.3　实践中的 HDPMS 和 PCSDs

图 5.4 和图 5.5 分别描述了典型物联网环境中 PCSDs 和 HDPMS 的工作流程。图 5.6 显示了 HDPMS-PCSDs 设置中的主要通信过程。基于物联网环境下的 HDPMS-PCSDs 功能描述如下。

每个 PCSD 都被认为是多个功能的集合。例如，智能手机可以被认为是由语音通话、短信、视频录制、音频录制、媒体播放和方位测定等功能组成。每个功能都有一个标准化的描述。设备制造商如果想要在它们的设备中增加任何功能，就需要为该功能指定唯一的描述。举个例子，如果一个媒体播放功能的 ID 是 PLAY_MEDIA，那么与此功能相关联的每一个设备都要能够识别这一个 ID。

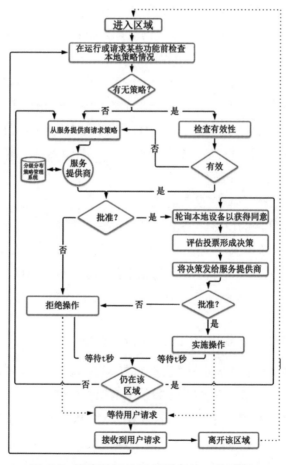

图 5.5 策略遵循的智能设备的工作流程

● 每个功能都关联了一个或多个操作（记为"a"）。操作是功能的组成要素，在特定的位置和环境下，每一个功能需要许可才能发出操作指令。例如，任何设备的媒体播放功能（功能 ID 是 PLAY_MEDIA）都应该包含音量、播放的曲目类别等操作，因为一个地方可能对该地区可播放的音量和音乐类型有特定的政策。

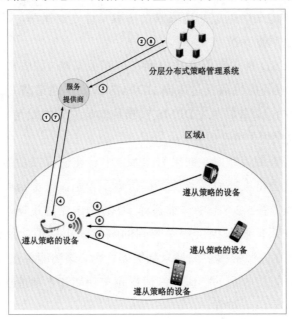

图 5.6　HDPMS–PCSDs 设置中的通信

● PCSDs 将在每 t 秒后为所有运行（或请求运行）功能的操作请求策略。在 5.2.4 节中介绍了策略的请求格式，它的一般形式为：$f1 = \{a_{1,1}, a_{1,2}, a_{1,3}, a_{1,4}\}$

　　t 的值可以基于设备的特性来确定，例如移动速度。如果一个设备的位置和环境变换的非常快，那么它需要更频繁的刷新策略，因此需要一个较小的 t 值。t 值的大小可以由设备操作系统根据设备位置改变的速度来调整。此外，设备刷新频率的大小也应考虑当地的政策。在某些特定的情况下，某些特殊的位置需要能够立即观察到本地策略中的更改情况，这是由于在实施这些政策时，要求该地区的 PCSDs 在一定期限内能够检测并遵守该政策。这可以为本地策略设置指定一个策略刷新频率来实现。设备应遵循本地策略指定的速率或设备本身计算的速率，以两者中较高的一个数据为准。

- PCSD 首先向服务提供商查询相关策略（如图 5.6 中流程 1 所示）。服务提供商反过来向 HDPMS 查询本地策略（如图 5.6 中流程 2 所示），并将从 HDPMS 接收到的响应转发给请求设备（如图 5.6 中流程 3 和流程 4 所示）。

- 当查询策略时，如果 HDPMS 中存在适合该功能的有效策略，它就会将策略发送给服务提供者。否则，它将返回一个无条件的响应。在 5.2.5 节中详细解释了 HDPMS 中的策略解决方案。

- 如果从服务提供程序收到的响应禁止某项功能的相关操作，那么在向服务提供商请求新策略之前，该功能将被禁用 t 秒。

- 如果接收到的响应允许运行相关功能和本地请求的操作，设备就执行以下过程。

——PCSD 将通过类似于 ARP [184] 或 NDP [167] 的基于轮询协议的本地广播通信，寻求本地对功能操作的同意。设备将在其物理位置内广播策略请求消息，只有本地策略兼容的设备才能回复（图 5.6 中的流程 5）。本书 5.2.6 节介绍了本地轮询机制的内容。

——如果请求设备没有从本地接收到任何响应，则设备的操作系统假定获得无条件的许可，这一许可允许设备在本地环境中执行功能所要求的一些操作。否则，设备的操作系统将根据投票情况来决定开启或禁用某项功能。

——如果启用，该功能将在请求新权限前运行 t 秒。如果禁用该功能，则在请求新的权限之前，它将被禁用 t 秒。如果在 t 秒结束时，设备的物理位置仍在其前一次投票所轮询的区域内，则可以再次直接参与轮询；否则，它会要求服务提供商提供新的政策。

——根据本地投票情况，当某一功能的决定形成之后，PCSD 就需要通过服务提供商给 HDPMS 发布决定的所有细节，即功能 ID、决定的具体情况（通过或否决），以及通过或否决的情况（比如，决定的时间、通过和否决的票数），这个过程如图 5.6 中流程 7 和流程 8 所示。本书 5.2.4 节讨论了报告信息的格式。

——报告数据将传送给 HDPMS 中最低级别的策略服务器，并存储在那里。HDPMS 不会立即使用该信息来制定或修改任何策略。在相当长的一段时间内收集此类数据，可以挖掘关键信息和模式，来帮助修改现有政策或制定新政策。层次结构中的每个策略服务器都会定期向其上一级服务器报告其所有策略。如果从 PCSD 发送的决策报告中挖掘出任何可能导致形成新策略的重要信息，那么这些策略将首先在本地域中实施。通过策略服务器定期向其上一级服务器报告策略，如果在策略服务器的所有子服务器报告的策略中发现某些特定功能存在一致的模式，那么它本身可能会相应地修改或创建策略。

5.2.4　HDPMS–PCSDs 设置中的通信

图 5.6 描述了一个典型 HDPMS-PCSD 设置中 PCSD、服务提供商和 HDPMS 之间的通信。请注意，该图并没有完全包含设置中所交换的所有消息类型。在策略服务器之间也存在 HDPMS

内部的消息传输，这些消息未在图中标出，但在本书 5.2.5 节中进行了解释。在 HDPMS-PCSD 设置中传输的三种主要的消息类型包括策略请求、决策报告和策略响应。

● 策略请求：这些消息主要由 PCSD 发起，它主要询问本地运行的功能所执行的安全策略。它们用于从服务提供商（图 5.6 中的流程 1）以及本地同级设备请求策略（图 5.6 中的流程 5）。服务提供商将相同的消息中继到 HDPMS（图 5.6 中的流程 2），并且如果需要，HDPMS 中的策略服务器也使用它来从其上一级服务器请求策略。对于一个节点 n1，下面的复合语句：

n1 REQUESTS y { (f1, $a_{1,1}$), (f2, $a_{2,1}$, $a_{2,2}$), (f3, $a_{3,1}$, $a_{3,2}$, $a_{3,3}$), (f4, $a_{4,1}$) }

表示节点 n1 需要为每一个功能操作从 y 处获取策略。这里 n1 可以是 HDPMS 中的请求发起设备、服务提供商或策略服务器。这个复合语句有多个简单语句组成，它们分别是：

n1 REQUESTS y { f1, $a_{1,1}$ }

n1 REQUESTS y { f2, $a_{2,1}$ }

n1 REQUESTS y { f2, $a_{2,2}$ }

.

.

.

n1 REQUESTS y { f4, $a_{4,1}$ }

策略请求消息的格式在表格 5.1 中标签 <policy_request> 下详细列出。message_type 字段表示消息中包含的信息类型（在这种情况下是请求）。该消息还包含策略请求消息源的标识（source_id），发起策略请求的设备的标识（device_id），以及功能标识（functionality_id）和操作标识（action），这正是设备所要寻求的本地策略。对于一个具体的策略请求，源 ID（source_id）作为请求消息在 HDPMS-PCSDs 设置的不同节点之间传输，但设备 ID（device_id）在整个请求响应周期中保持恒定。例如，如果设备 d1 向服务提供商或其本地同级设备请求策略，则消息的设备 ID 将始终为 d1。在这个情况下，源 ID 也将是 d1。当请求从服务提供商传输到 HDPMS 时，源 ID 将是服务提供商的身份。最终，如果请求由策略服务器传输到层次结构中的上一级节点，则源 ID 将是请求策略服务器的标识。

表 5.1　策略请求消息的格式

```
1  <message_formats>
2
3    <policy_request>
4      <message_type> request </message_type>
5      <source_id>...</source_id>
6      <device_id>...</device_id>
7      <feature_id>...</feature_id>
8      <action>...</action>
9    </policy_request>
10
11   <policy_response>
12     <message_type> response </message_type>
13     <source_id>...</source_id>
14     <device_id>...</device_id>
15     <feature_id>...</feature_id>
16     <permission>...</permission> <!- allow/deny -->
17     <condition_for_denial>...</condition_for_denial>
18     <!- condition_for_denial considered only when
                permission == deny -->
19   </policy_response>
20
21   <policy_report>
22     <message_type> report </message_type>
23     <source_id>...</source_id>
24     <device_id>...</device_id>
25     <feature_id>...</feature_id>
26     <permission>...</permission> <!- allow/deny -->
27     <permission_condition>...</permission_condition>
28   </policy_report>
29
30  </message_formats>
```

● 策略响应：这些消息是由 HDPMS（图5.6中的流程3）中的策略服务器发起的，或者是 PCSD 中的同级设备针对 PCSD 发起的策略请求信息（图5.6中的流程6）。它也被服务提供商用来中继HDPMS针对设备请求的响应（图5.6中的流程4）。策略响应可能的形式有：允许和否决。这个复合语句：

y GRANTS d1 { f1, f3 }

表示节点y允许功能f1和f3进行设备d1请求的相关操作。这里y可以是HDPMS中的策略服务器、服务提供商，也可以是本地同级设备。此语句包括多个单独的响应：

y GRANTS d1{ f1 }

y GRANTS d1{ f3 }

同样的，复合语句：

y DENIES d1{（f2，<conditions>2），（f4，<conditions>4）}

表示节点y，拒绝功能f2和f4进行设备d1在本地请求的相关操作。响应消息还包含拒绝权限所依据的条件。这一语句也包括多个单独的响应，表示为：

y DENIES d1 { f2, <conditions>2 }

y DENIES d1 { f4, <conditions>4 }

响应信息中包含了拒绝信息，这样设备就可以知道在该位置运行特定功能被拒绝的原因。这可以帮助设备调整请求功能的相关数值，使其符合在本地运行的条件。例如，如果一辆遵循策略的智能汽车进入一个限速范围为20~45英里/小时的区域，此时的车速为每小时55英里，那么汽车将向服务器请求一份与当前速度相符的策略。当HDPMS接受到来自这辆汽车的请求，即要求以每小时55英里的速度运行，HDPMS将拒绝批准该项许可。在这种情况下，如果汽车的操作系统没有自主否决的选项，也就是说，它不知道任何违背策略的方式，这辆车就会立即停止。

当然，这并不是一个实际的解决办法。如果汽车的操作系统接收到不允许以每小时 55 英里速度行驶的消息时，同时获得"速度限制 = 20 英里 / 每小时 ~45 英里 / 每小时"的条件，那么汽车的操作系统要么警告驾驶员，要么自动将速度降低到允许的范围。

策略响应消息格式详细描述在清单 5.1 的 <policy_response> 标签下。字段 message_type 表示消息中包含的信息类型（在本例中为响应）。该消息还包含消息源的标识（source_id）、启动策略请求的设备的标识（device_id）、针对功能所做出的决定的描述（functionality_id）、允许（permission）和拒绝（condition_for_denial）标识。如前所述，只有当权限值为"拒绝"时，才需要考虑"拒绝"的条件。与策略请求消息一样，对于特定的响应，当响应消息在不同节点之间传输时，源 ID 也会不断变化，但设备 ID 在整个过程中保持不变。本书 5.2.5 节解释了针对策略请求形成响应过程中，策略在 HDPMS 中的解决方案。

● 决策报告：每当设备根据本地投票的结果来决定任意一种功能是否使用时，这些信息都将由 PCSD 通过服务提供商发送给 HDPMS（图 5.6 流程 7 和流程 8）。这些报告有助于有效地向策略服务器提供本地活动和对各种技术的意见，这反过来又可以最终促进形成高度相关和稳健的策略。对于节点 n1（一个 PCSD 或一个服务提供商），下面的复合语句，

n1 REPORTS y {（f1，decision 1，<decision_conds>1），

（f2，decision 2，<decision_conds>2）}

表示 n1 根据投票报告功能 f1 和 f2 上做的决策，以及形成决策（许可或拒绝）所依据的条件。这份综合的决策报告包含多个单独报告：

n1 REPORTS y { (f1, decision 1, <decision_conds> 1) }

n1 REPORTS y { (f2, decision 2, <decision_conds> 2) }

决策报告信息的格式如表 5.1 中 <policy_report> 标签所示。字段 message_type 表示包含在消息（在这种情况下是报告）中的信息类型。这个信息还包含了决策报告信息的来源标识（source_id）、启动报告的设备标识（device_id）、决策针对的功能标识（functionality_id）、决策结果（permission）以及做出决策所依据的条件（permission_condition）。设备根据每一个条件来判定功能的操作是允许还是拒绝，而总的条件是每一个条件的集合。与策略请求和响应消息类似，对于特定的报告消息，源 ID 会随着请求消息在 HDPMS–PCSDs 设置的不同节点之间传输而不断更改，但设备 ID 始终保持不变。

5.2.5　HDPMS 系统中的策略解析

HDPMS 是一个分层、分布式系统，在这个系统中，策略在层次结构的多个级别上同时实现。这一系统的权限随着层级结构从底部到顶部而不断增大。因此，某一位置的策略是由整个层级所有相关策略的综合得到的。正如 5.2.1 节和图 5.3 所示，由 PCSDs 启动并由服务提供商转发的策略请求消息，首先由 HDPMS 低层级的策略服务器接收。如图 5.4 所示，如果策略服务器保存了本地策略，那么就根据本地策略对请求进行回应。否则，策略服务器将根据从层次结构较高的服务器取得的相关策略的缓存副本进行回应。如果服务器中没有从较高层级的服务器获得相关策略的缓存，或者缓存数据已经过期，那么它将向其上一级服务器发送策略请求消息，并且递归地继续该过程。

当策略请求消息到达层次结构的顶部或者请求到达一个保存有相关有效缓存副本的策略服务器时，层次结构中策略请求消息向上的遍历将终止。在这个时候，策略响应消息就发出了（在表5.1下 <policy_response> 标签可以查到该信息的格式）。每个服务器根据请求功能的相关策略来决定允许或拒绝相关功能的操作。如果发出允许的决定，那么本地服务器就同意与功能相对应的操作。反之，本地服务器就拒绝与功能相对应的操作。策略服务器将此本地权限与从上一级接收的策略响应消息中包含的权限组合在一起，权限组合的规则如下：

策略结果＝上一级策略逻辑与本地策略

如果本地权限允许"请求功能所对应的操作"，那么只需要修改上一级策略响应的权限来生成结果策略响应消息，同时服务器将这一响应信息转发给它的下一级。如果本地权限要"拒绝"请求功能所对应的操作，并修改它的权限，则本地字段"condition_for_denial"将从高级别的条件进行合并。在特殊情况下，如果本地服务器是顶级策略服务器，或者本地服务器具有相关策略的有效缓存副本，则只释放本地权限（如果需要，则释放拒绝条件）作为其子级的输出响应消息。

5.2.6　本地同意轮询机制

正如5.2.3节中所讨论的，当向服务提供商请求特定功能的操作时，PCSD 将在以下两种情况获得许可：（1）根据 HDPMS 中包含的相关政策，允许具有动作值的请求功能；（2）HDPMS 没有任何与功能对应操作的相关策略。在这两种情况下，PCSD 都会进行轮询调查，征求本地 PCSDs 的同意，即本地 PCSDs 是否愿意在本地执行特定功能对应的操作。在物理上接近某个功能的操作时，可以将其规则映射到 PCSD 中。

在分布式网络协议[104，121]以及对等通信[81]中，通过轮询使用对等方意见进行决策的概念十分常见。在上一段提到的第一种情况下，如果地方意见与在特定情况下实施的政策并不冲突，那么本地投票也许有用。例如，尽管大学校园里可能允许使用手机打电话或发短信等功能，但监考员会禁止考场上使用手机等设备。在这种情况下，即使相关策略不到位，本地投票结果可以给本地策略机构提供有效的参考价值。因此可以建立一种机制，允许一些本地投票结果在决策中发挥更大的作用。此外，如5.2.3节所述，通过本地投票做出的决策将报告给 HDPMS。这有助于记录一个地区的用户对特定功能的意见，最终可以制定更为相关和有效的政策。

图5.6中流程5和流程6描述了本地投票机制的内容。策略请求消息在物理位置的领域中广播（图5.6中流程5）。可以使用蓝牙技术发起本地投票通信，并在设备中设置启动无需配对的自动连接[56]。

对等 PCSDs 可以让它的用户在临近位置的 PCSDs 上针对不同功能设置他们的使用偏好。例如，一款策略遵循的智能手表的用户可能不希望自己在工作场所被拍照或摄像，用户也可以设置智能手表的偏好。当设备从本地对等方接收到请求开启相机功能的策略时，设备将以反对该请求的投票来响应。并且，拒绝请求的同时还将附加拒绝的条件。如果设备没有任何相关规则，它将同意该请求。这一通信（图5.6中的流程6）将使用策略响应消息。

根据接收到的响应投票，轮询 PCSD 将判断是否允许本地功能所对应的操作。这个判定将根据投票的多少数来决定。为了能够根据投票结果做出决定，设备需要信任投票结果[81]。信息交换和设备行为的可靠性可以通过以下方式来保证，一是确保通信和通信通道的安全，二是在符合策略的智能设备中开发可信计算基础（TCB）。

5.2.7 物联网中的可信计算基础

鼓励设备和技术的使用者积极参与政策制定和执行是社会治理的一个推动要素。实现这一目标将意味着用户行为在制定政策方面发挥更大的作用，并最终对社会的安全和隐私发挥更大的作用。用户实际上将由他们所拥有的 PCSD 来代表。因此，确保框架完整性的第一步显然是保护 PCSD 的完整性。PCSD 的完整性需要用两种不同的方式确保：

- 防止 PCSD 忽略策略指令；
- 防止 PCSD 登记假的或者不正确的投票。

PCSD 可以在可信计算基础上进行开发。文献[181]将可信计算基础（TCB）定义为可信操作系统中的所有内容，我们依赖可信操作系统来正确地执行策略。可信计算基础用来保护系统完整性的方法是将处理安全相关操作的受信任操作系统的所有部分与其余元素隔离开来。对整个系统安全性的信任完全取决于可信计算基础。文献[181]认为操作系统的组成部分包含以下内容，安全措施的实施可以依赖于这些内容：

- 硬件，包括处理器、内存、寄存器和输入输出设备；
- 安全关键流程；
- 原始文件，如安全访问控制数据库和标识或身份验证数据；

- 保护内存，以防止相关监视器被篡改；
- 用于在可信计算基础不同部分传递数据的进程间通信。

可信计算基础通常需要包含整个受信任操作系统的一小部分。图5.7表示可信操作系统的组成，可信计算基础应监控以下四项基本活动：

- 进程激活：多处理系统中的环境切换需要更改安全敏感资源和信息，如寄存器、重定位映射、文件访问列表和进程状态信息。

- 执行域交换：在一个域中运行的进程可以调用另一个域中的进程来获取敏感数据或服务。

- 内存保护：每个域都可以访问内存的某些部分，可信计算基础必须监视内存引用以确保所有域的机密性和完整性。

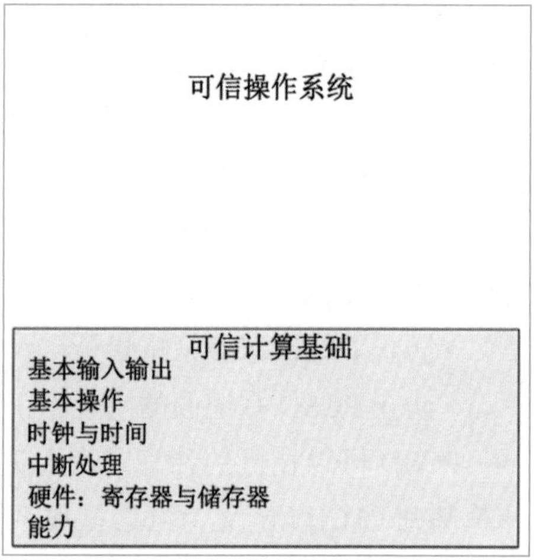

图 5.7 策略遵循的智能设备
（PSCD）中的信任计算基础

- 输入输出操作：参与输入输出操作的软件可以将可信计算基础之外的域连接到可信域。

此外，现代计算设备包含自主处理元素，这些元素都具有可现场升级的硬件，是计算机系统信任模型的组成部分[124]。因此，在可信设备的安全引导期间，还应验证现场可升级设备的固件。文献[124]建议增加计算设备的安全引导，并采用机制防止对现场可升级设备的损害。

5.2.8　决策者社会治理

社会治理框架将促进更有效的安全和隐私政策的制定和执行。

● 与制造商或创新者的沟通：参见图5.1中的标签1。与制造商或创新者的系统沟通可以使决策者清楚地了解他们的愿景和动机，以及涉及的相关技术。这种交流可以采取多种可能的形式。创新者或制造商可能需要为其技术或产品分别获得创新许可证［135］或制造许可证。获得许可证的过程将要求创新者或制造商向决策机构提出他们的想法和意图。这将有助于避免形成和实施不合理、薄弱或极为严格的安全或隐私政策。

● 与用户的通信：参见图5.1中的标签2。提出的框架可以使决策者在制定政策时考虑用户偏好。HDPMS-PCSDs 的设置可被决策者用作一种学习机制，来了解在一段时间内他们所在地区不同类型设备的活动。每当设备为其任何功能请求策略时，HDPMS 都可以获取数据，这有助于将来的决策。当某一项技术或装置在市场上推出后，由于该产品在该地区不受欢迎，甚至是缺乏管理，该地区的决策者可能不会因此而执行任何特定的政策。当从这些设备接收到策略请求时，该区域的策略服务器将无法响应任何特定的策略，而是会从更高级别的服务器获取更通用的策略。服务器可以跟踪这些查询。如果此类查询的频率在相当长一段时间内超过了设置的阈值，则策略制定者可能会针对该功能采用特定的规则。此外，数据挖掘可以促使制定更加具体的策略，比如获取某一种特定类型设备中的最频繁请求的功能信息。例如，一个机构在一定前提条件下可以禁止全球定位系统（GPS）服务的使用。因此，强制要求所有支持 GPS 的设备暂停所有信号传输功能的政策，将不会导致智能手机通话或短信功能的失效。随着时间的推移，如果获得的数据表明智能手机使用呼叫或消息功能的请求量很大，那么根据该数据就可以建议策略制定者修改策略，明确禁止 GPS 功能。

这种学习机制对决策者的一些好处是：

——使策略具有高度的位置特定性，并随着时间的推移而保持健壮性。

——有助于避免冗余策略。

——从用户那里收集的数据，以及通过与制造商的沟通而获得的信息，为决策者提供了一个决策基础，进而增加了他们的公信力。

——通过进一步细化策略，可以提高设备或技术的可用性。

● 政策执行：有了拟定的框架，政策执行将变得更加有效。HDPMS 使得具有不同权限的决策者能够形成与位置和环境高度相关的策略。HDPMS 将使得政策的执行和管理变得有效和系统。

5.2.9 创新者以及制造商的社会治理

物联网技术和设备的创新者和制造商可能是社会治理框架的最大受益者。

● 与政策制定者的沟通：参照图5.1中的标签3。与决策者的交流将使制造商或创新者更好地了解任何地区的政策。这些知识可能来自为所考虑的技术或产品所属的类型明确定义的策略。如果没有对该类型强制执行明确的策略，则可能仍然可以从对技术或产品强制执行的策略中获得一些重要的知识，这些策略包括所考虑的产品的某些功能。例如，一个办公室可能还没有对谷歌眼镜的使用实施任何明确的策略，但是严禁使用照相机的策略同样要求谷歌眼镜的照相功能不可以使用。正确理解法律的相关规定将节省创新者或制造商在产品构想、研发、市场化等方面的努力，尽管这些产品最终也许会被法律禁止。此外，这些知识还将有助于改进他们的想法或产品，以更好地适应社会的要求。此外，制造商或创新者和政策制定者之间有组织的沟通（例如，获得许可证）增加了双方的可信度，因为政策制定者必须明智地允许或拒绝产品，创新者或制造商必须遵守许可证中对产品用途和含义的承诺。

● 与用户的沟通：参考图5.1中标签4。物联网技术、设备的生产者与消费者之间的沟通将导致物联网在社会上的定向和快速发展。拟议的框架将向创新者或制造商提供关于用户偏好的最新信息，使他们能够做出更好的设计和部署决策。此外，结构化的沟通将使创新者或制造商能够创建高质量的用户群。它们可以传播对产品特性、含义以及对安全使用实践的认识。高质量的用户群意味着更少的安全和隐私事件，以及更好的产品和制造商声誉。

● 政策遵从性：PCSD 的概念将确保部分智能设备较高的策略遵守率，从而使策略执行有效。PCSD 将使制造商能够生产更安全的设备，这反过来将有利于他们的声誉。

5.2.10 用户的社会治理

社会治理框架将使用户更加容易、更加便捷、更加安全地使用新技术和新产品。

- 与制造商 / 创新者的沟通：这对应于图 5.1 中的标签 5。为制造商与创新者提供系统性的沟通，将使用户更好地了解技术、产品以及使用它们所带来的影响。它还能够帮助用户要求制造商 / 创新者的政策更加透明。

- 与决策者的沟通：这对应于图 5.1 中的标签 6。增强前面讨论中提到的 HDPMS 的功能可以帮助决策者从一段时间内收到策略请求中挖掘出重要信息。这些信息有助于决策者制定合理的政策。在某种程度上，这使得用户能够参与决策。此外，PCSD 和 HDPMS 使用户和物联网生态系统更容易遵守策略，从而减少恶意或无意侵犯隐私和安全的可能性.

- 用户安全和隐私：PCSD 和 HDPM（参见第 5.2.1 节和 5.2.2 节）把遵守地区安全和隐私政策的责任从用户转移到设备上。它还将确保迅速执行高相关度的策略。这些因素将减少用户成为安全或隐私入侵受害者的事件，或出于有意或无意地导致安全及隐私入侵。此外，当设备智能到可以根据环境的改变而进行不同的操作时，用户在安全及隐私保护中所需的意识和参与程度就会降低，从而使技术的使用更加普及、便捷和安全。

5.3　案　例

社会治理与现代互联社会的各个方面息息相关。我们已经讨论了在谷歌眼镜和智能手机等设备上如何有效遵守隐私和安全政策的问题。让我们试着通过另一个例子来理解这个框架的实用性。

随着近年来智能汽车的日益普及和互联汽车的出现，让汽车遵循策略将意味着避免许多不必要的道路事故。让我们设想一个住宅区里有一所学校。为了居民的福利，当地希望在上学时间（上午8时到下午4时）对经过附近街道的车辆实行低速限制，并限制上午12时至下午6时在街上行驶的车辆发出过大噪音。他们向当地有关部门反映情况，有关部门执行相关政策。当符合策略的智能车进入本地时，该车的操作系统会在其运行功能（运行、前照灯、喇叭、音乐播放器等）上探测本地策略。"运行"功能有一个操作"速度限制"。假设时间在上午8时到下午4时之间，并且汽车速度超过了设定的限制，当该车辆请求此功能操作的策略时，HDPMS将根据本地策略拒绝权限。根据车辆操作系统接收到的拒绝条件，它可以在限速范围内减速或通知驾驶员。如果司机在规定的时间内没有减速，那么该车的操作系统可以自动向交管部门报告违反政策的情况。同样，如果智能车在上午12时到6时之间经过该地区，并且正在播放音乐，或按喇叭的声音超过设定的分贝限制，则音量将自动降低到允许的范围内或通知驾驶员。

如果在其他没有特定位置或环境政策的地方，当此类策略查询在其他地方的频率超过当地政府规定的限制时，HDPMS系统可以向当地决策者建议应该为哪些设备或情况制定具体的策略。

如果为较低级别的策略服务器提供将其本地策略发送到其上一级的条件，则可能会推断出许多有用的信息。如果一个区域的策略管理服务器了解到它所服务的很多位置正在实施类似的车辆策略，则该服务器可以实施算法来推断实施类似策略的位置在地理、人口或环境方面的相似性，并制定类似的政策。或者，它可以根据在具有类似地理、人口或环境的其他区域（水平服务器）中实施的策略，向层次结构中较低的服务器建议适当的策略。

一些建立社会治理框架并有利于社会的方式是：

- 更好的管理，减少物联网技术的违法行为；
- 物联网相关政策的有效制定与实施；
- 构建适应用户活动变化和技术变化的智能自主学习系统；
- 对智能技术用户的安全性、隐私性和意识的担忧减少。

总之，现有的策略框架正在推动一个超大规模设备的高效、安全运行，这正是一个企业需要负责的。社会治理考虑的是一个更大的情况。但更重要的是，它并不打算为一个实体寻求一种"最佳"的运行方式，而是为了寻求各方的合作共识，以便系统能够正常运行。

第6章　物联网的典型应用

本章介绍三种典型的物联网应用：车联网、电子健康和智能电网。本章详细介绍了前两种物联网应用，包括漏洞来源、攻击场景和选择的对策。对于第三种应用，本章将讨论选定的主要安全事件。

6.1　车联网

在不远的将来，车载设备将能够通过路边单元（RSU）和其他广域网与外部服务连接。路边单元可以是专用单元，也可以集成到现有的基础设施中，比如路灯，而路灯本身又将连接到其他物联网设备[33]。此外，车辆自组网（VANET）有望将道路上的车辆转换为车辆网络通信的节点。图6.1显示了连通车辆的生态系统。

在过去的20年里，对车辆系统复杂程度的需求不断增长，导致了嵌入到汽车中的计算机系统变得越来越复杂[63]。传统的机械连接转向被传感器以及通信总线所取代，这使得电力转向、自适应巡航控制、防抱死制动等系统成为可能。传统的单向和双向通信系统，如无线电接收机和发射机，已通过与蜂窝语音、数据设备和卫星信号[6]的连接而得到加强。

这些发展将汽车从本质上变成一个与互联网相连的"物品"，并使其面临与互联网上任何其他实体相同的网络安全风险。

图 6.1 连通车辆的生态系统

6.1.1 连通车辆的意义

计算机为汽车的安全、价值和功能带来了许多贡献，如稳定性控制、电子燃油喷射和防盗。它们还引入了令人兴奋的新网络物理特性，如先进的驾驶员辅助系统（ADAS）、先进的车队管理和自动驾驶。然而，在这样做的同时，它们也暴露在网络安全威胁之下。例如，用无线网络将汽车连接起来的一个令人信服的理由是，通过依赖无线网络的车载避碰系统可以降低道路碰撞的风险[227]。由于这些贡献依赖于车辆之间的信息共享以及车辆内部的通信，它们会带来网络攻击的风险。此外，当车辆本身开始通过 VANETs 等网络相互连接时，风险会成倍增加。

通过美国参议员爱德华·马基（Edward Markey）2015年的跟踪和黑客报告（Tracking and Hacking Report）[156]，执法机构发出的警告，比如联邦调查局（FBI）2016年3月发布的 PSA [37]，都可以看出汽车受到的网络安全威胁程度。攻击者可以通过向网络中注入假的和无效的交通消息来破坏车内网络的完整性，从而潜在地分散司机选择特定路线的注意力，或者利用网络找出司机的身份和位置[134]。更严重的是，攻击者可以通过对车内网络的非法访问来控制车辆的关键部件（如发动机或刹车装置）[63]。

汽车安全的目标是确保这种新型的联网车辆能够充分发挥其潜力，即便在一个非常不安全的环境下运行。然而，一旦攻击者发动上述攻击，现代车辆和它们所处的环境都是不安全的，它们会对车辆造成损害，甚至对车内人员造成致命伤害。在这项研究中，我们将以 VANETs 作为外部车辆网络的讨论重点。此外，本书也将简要讨论车内网络。

6.1.2 车辆网络的背景介绍

车辆网络可以分为两大类：车载网络和车际网络，也称为 VANETs（Vehicular Ad-hoc networks）。车载网络由电子控制单元（ECU）组成，通过通信总线与各种车辆传感器和执行器连接。这些网络用于在整个车辆上从传感器和执行器传递信息。另一方面，VANETs 用于车辆间通信（IVC），在范围内分发车辆之间的交通和道路相关信息[134]。它们还可以包括集成到路灯、公路标志和交通信号中的路边单元（RSU），这些单元可以为车辆提供相关信息。

6.1.2.1 车载网络

如图6.2所示，ECU 被划分为不同的类别[170]，包括以下主要的车载子网：

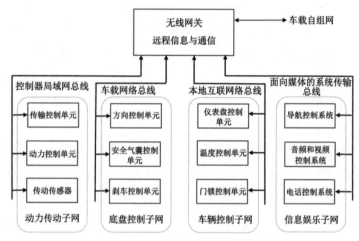

图6.2 车载网络的典型系统结构

● 控制器局域网（CAN）：控制器局域网由连接着与安全有关的 ECU 的总线组成，如发动机和变速箱[167]。

● 车载网络协议标准：最近，车载网络协议标准开始逐渐替换控制器局域网作为对车辆关键应用的网络控制，如防抱死制动和电力转向控制[169]。

● 本地互连网络（LIN）：本地互连网络由非安全关键 ECU 组成，例如温度控制系统[146]。

● 面向媒体的系统传输（MOST）：MOST 用于传输音频和视频数据[170]。

这些子网中的每一个部分都使用自己的网络协议来进行通信

信息。不同子网之间的数据传输通过无线网关来实现[169]。 由于 VANETs 还可以通过无线网关与车载子网连接，因此子网不会受到来自车外的网络攻击。

6.1.2.2 车载自组织网络（VANETs）

车载自组织网络（VANETs）是移动自组织网络（MANETs）的一种，在近几年引起了巨大的关注，并已经成为一个研究热点。VANETs 背后的基本概念是在不同车辆之间以及车辆与各种固定路边单元（RSU）之间共享信息[134]。VANETs 可以提供各种增值服务，如车辆安全、自动收费、交通管理和基于位置的服务，以便找到最近的加油站、旅馆或连入互联网[41, 230]。

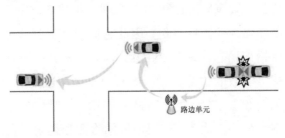

图6.3 车载自组织网络（VANETs）概念

图6.3给出了车载自组织网络（VANETs）的示意图，其中事故触发了碰撞车辆中的遇险信号。该信号由附近的 RSU 拾取，随后开始在其所在地广播事故信息。 此 RSU 范围内的所有车辆都会获取收到此通报，然后将其进一步传递到 RSU 范围之外的车辆。反过来，所有导航路径位于事故位置附近的车辆将在接近该位置之前得到及时通知，以便他们可以采取替代路线并避免潜在的道路拥堵。

6.1.3　攻击分类与应对策略

由于车载网络和车联网络固有的脆弱性，针对连接车辆可以进行一系列攻击，并产生不同的后果。

本节介绍可以在 VANETs 上实施的一些攻击手段以及潜在的应对策略。

● 女巫攻击：在女巫攻击场景中，恶意车辆可以同时或连续地在不同位置宣称自己是多辆车。因此，发动女巫攻击的车辆可能同时出现在两个地方。这可能会在 VANETs 中造成危险和混乱的环境。在无法通过防篡改数字凭证验证车辆身份的环境中，这种攻击非常容易启动[134]。如果车辆可以从证书颁发机构轻松获得多个身份，则 VANETs 也容易受到女巫攻击。由于 VANETs 最初并非创建强大的数字身份，因此它们容易受到这种攻击，并且可能会将错误信息注入 VANETs，从而影响其完整性。例如，高速公路特定区域的攻击者可以向其他车辆发送多条消息（每次都有不同的身份），造成交通拥挤的错觉。文献[225]将女巫攻击的解决方案分为三大类：注册、位置验证和无线电资源测试。但是，这些防御有一些局限性，因为它们依赖固定基站工作或需要特定硬件。文献[225]通过检测和定位 VANETs 中的女巫节点提出了另一种解决方案，而文献[189]提出了一种公钥加密方法。文献[186]建议基于固定密钥基础设施加密机制的另一种解决方案来检测女巫攻击。文献[234]提供了一种轻量级、可扩展的协议，用于检测女巫攻击，同时保留车辆隐私。在该方法中，可以通过多个 RSU 以分布式的方式被动监听检测伪装成多个其他车辆的恶意车辆。这种方法的优点在于 VANETs 中的车辆不必暴露它们的身份，从而能够有效保护隐私。此外，模拟实验显示，这一方案在监测女巫攻击方面是合理有效的，而且具有低资源占用、低延时的优势。

• 虚假信息：在这种攻击中，出于自身利益考虑，攻击者通过向链接中注入错误和伪造的消息来实施攻击。例如，攻击者为了自身利益，可以向整个网络发送该路段出现交通事故造成道路堵塞的虚假信息，从而欺骗其他车辆绕道而行。这种攻击可以由VANETs内的合法节点以及外部人员发起。文献［188］提出了一种缓解该攻击的解决方案，它建议应该将某一来源车辆收到的特定信息与从其他车辆收到的信息进行核实，以判定其真伪性。

• 伪装或冒充攻击：在像车联网这样的自组织网络中，节点可以自由加入和离开。在伪装攻击中，车辆可以加入网络，然后冒充另一辆车甚至伪造其身份来隐藏在网络中。它可以通过伪造标识车辆唯一标识信息来实现攻击，比如伪造车辆的 MAC 或 IP 地址。遗憾的是，仅仅根据 MAC 和 IP 地址不足以验证发件人的真实身份，所以如果缺乏验证过程，恶意车辆完全可以代表其他车辆向网络发送信息。例如，恶意车辆可以使用一个虚假的身份和消息来伪装成警车并请求优先通道。因此，在依赖来自车载单元（OBU）的消息之前，必须检查它们的完整性并进行验证。但这将会涉及驾驶人员的隐私，因为来自车载单元的消息可以追踪到例如驾驶路线等信息。由于车辆有权不披露该信息，因此使用匿名通信协议是有效的解决方案，其中可信方仅在必要时显示车辆的身份以防止该车辆逃离网络。例如，当匿名车辆被识别为发送假消息时。文献［70，71］提出了几种方案来解决 V2V 通信的安全问题，并在保护隐私的同时检测伪装攻击。

• 定时攻击：这种攻击利用了时间对于车辆间通信中交换的

消息是至关重要这一事实。实际上，车联网在安全方面带来的帮助，如对因交通事故而导致的路段堵塞的通知就十分依赖于这一特征。在定时攻击中，恶意车辆在收到此类消息后会故意拖延一段时间之后才将原始消息转发给其他车辆[210]，由此产生的延迟将导致周围车辆在实际需要后接收消息。通过数据完整性验证可以减轻定时攻击，数据完整性验证可以识别并消除添加到数据包的任何时隙。针对时间攻击的一种主要安全方法是可信平台模块或 TPM[114]，它使用较强的密码功能来保证消息的完整性。可信平台模块具有在屏蔽位置保护和存储数据的优点。但是，它也会降低网络的性能。

●幻觉攻击：与恶意车辆通过向车联网分发虚假信息误导其他车辆的攻击不同，在幻觉攻击中，恶意车辆故意误导其自身的车载传感器产生错误的传感器读数[165]，从而将错误的消息传递给车联网中的其他车辆以及 RSU。这种攻击很聪明，由于恶意车辆本身是一个合法的注册节点，所以消息的来源是真实的，这使得其他车辆更可能相信该消息的内容。幻觉攻击会导致其他车辆在收到错误信息后改变它们的行为。攻击者可以通过制造故障假象、通信拥塞假象等手段来降低车联网的性能。由于攻击者操纵和误导车载传感器产生虚假信息，传统的数据完整性验证和消息认证方案虽然在其他情况下有效，但不能抵御虚假攻击。文献[165]提出了一种合理性验证网络（PVN）模型来防范车联网中的虚假攻击。合理性验证网络通过使用规则数据库收集和处理车辆传感器的原始数据来验证数据的可信性，规则数据库中有一些预定义的规则用于数据验证。但是合理性验证网络也有一些缺点：规则数据库需要定期更新，这可能会增加制造商的成本并且频繁的服务可能对车主来说并不方便。此外，如果合理性验证网络积压了大量等待验证的信息，则需要实时处理的消息就无法被处理。尽管还存在这些问题，合理性验证网络确实具有抵御进一步攻击的潜力，尤其是将它与已经针对其他类型攻击提出的各种形式的密码方案相结合。

● DoS 和 DDoS 攻击：在 VANETs 中的 DoS（拒绝服务攻击）[40, 177, 211]可以通过不同的方式发生，但它的主要目的是阻止合法节点访问 VANETs 或其服务。攻击者可以通过发送虚假消息来阻塞网络通道，从而降低网络性能。在分布式 DoS 或 DDoS 攻击中，合法的节点可能会在不同的位置和不同的时间受到一系列恶意的攻击。一般认为，这比普通的 DoS 攻击更加危险。

● 黑洞攻击：黑洞[50, 153, 211]是网络中的一片区域，在这片区域中传入或传出的数据包会被悄悄丢弃，发送失败的消息不会通知给发送方或接收方。黑洞在网络拓扑结构中是不可见的，并且只能通过监视丢失的包来检测。在黑洞攻击中，恶意节点会干扰正在使用的路由协议，如 OLSR（优化的链路状态路由器）。然后，它将自己呈现给发送方节点作为到某个目标节点的最短路径。因此，发送节点将通过此恶意节点传输其数据包而后者能够拦截数据包并创建黑洞。

6.2 电子健康

电子健康是一个广泛的术语，可以用来指一系列采用信息技术和互联网的医疗服务或医疗系统，例如电子健康（EHRs）、医疗记录（EMRs）、个人健康记录（PHR）临床决策支持、药房管理系统（PMS）、卫生信息学、远程病人监护、远程医疗等。因此，电子健康（或电子健康云）环境下的物联网主要管理和组成互联网上互联的医疗设备，如图6.4所示。如心脏起搏器等网络医疗设备在电子健康的环境中可以穿戴或植入患者体内，它们被用来监测患者的重要体征、锻炼方案、饮食等状况，也被医疗提供者用来维护如心脏除颤器等植入设备，从而避免再次手术。

图6.4 高层次电子健康系统

电子健康系统由信息和通信技术（ICT）提供支持，它可以缓解目前医疗行业面对的一些问题。这些问题与日益增长的慢性疾病率、在发达国家中因为寿命延长而带来的人口老龄化增长、发达国家和发展中国家的普遍医疗专业人员的短缺相关。举例来说，可穿戴设备使用各种各样的传感器来监测心率、活动、睡眠模式等一切活动。这些设备可以形成医院远程监护患者的物联网网络，也可用于家庭远程监控。

大规模采用电子健康系统以及远程访问电子健康服务具有极

大的优势，可以有效地让患者参与自己的医疗保健。但是，这也导致了大量临床数据的出现——机密数据。

6.2.1 安全和隐私重要性

根据普华永道（PwC）的调查显示，48%的医疗服务提供者表示它们把消费者的可穿戴健康设备，以及自动配药系统等操作技术接入了物联网的电子系统[159]。电子健康具有帮助患者降低医疗支出的潜力，它通过整合的联网设备（如胰岛素泵）代替传统医疗服务来实现这一目标。根据远程护理的一项研究[36]，如果对患者的血压、体重、氧气饱和值进行在线监控，医院病人的再入院率会下降64%，此外，医护人员能够在危险信号恶化到需要重新住院之前识别出危险信号。美国国家标准与技术研究院（NIST）引用了通用电器（GE）的报告，部署网络物理系统可以在15年内节约630亿美元的医疗成本，降低医院15%～30%的设备成本[180]。

但是，电子健康的这些优势仍带来了一些担忧。根据大西洋理事会布伦特斯考克罗夫国际安全中心（ACBSC）发表的一份报告[129]，在医疗领域与医疗设备有关的四个重点问题是：意外故障、侵犯隐私、故意破坏以及广泛破坏。

意外事故和设备故障会对用户的信任造成损害，并推迟大规模部署的时间。其次，必须保护患者的健康数据和隐私，在黑客看来，健康信息是非常有价值的数据，由此产生了一系列的勒索事件。根据托马斯路透社的报道，在黑市上医疗信息的价格要比信用卡信息的价格贵10倍。事实上，根据思科安全医疗专家理查德·戴宁斯的观点，医疗记录盗窃行为中有80%在几个月甚至几年内都没有被发现。不像其他领域可以吸收与系统滥用相关的部分成本，医疗环境不能带来类似的便利。一旦关于患者个人健康记录的敏感信息被披露，甚至是专业性或社会性的破坏产生，造成的后果就无法弥补了。

更重要的是，小偷、黑客等利用 ICT 设备的漏洞实施的网络犯罪更为严重。因为在这些案件中，所针对的一些设备实际上是可能植入人体的，比如心脏起搏器。

最后，通过恶意软件造成大规模破坏的可能性总是存在的，这将会影响许多易受攻击的医疗设备以及使用他们的人。这类大范围的破坏也发生在其他领域，比如高度复杂的蠕虫病毒，它针对核电站等设施进行攻击并影响了西门子公司在世界各地的多个工业控制系统[85]。

上述所提及的这些问题与担忧都要求建立适当的安全机制。这一安全机制的挑战不仅在于安全地处理数据，更在于根据不同的卫生保健机构的许可级别授予相应的访问权限。

6.2.1.1 健康记录的相关概念

● 电子健康记录或电子医疗记录（EHR 或 EMR）：EHR 或 EMR 代表对个人健康更宏观的一种看法，它包括患者接受的大量医疗资源（包括备份系统）以及设施中提取、累积的电子数据。EHR 是多个医疗保健提供者关于患者情况的数字集合。它旨在代表患者的整体健康和历史，并通过提供患者健康的全面概述来提醒医疗保健提供者任何迫在眉睫的问题[42]。

● 个人健康记录或个人健康信息（PHR 或 PHI）：PHR 或 PHI 也是关于健康信息的累积记录，它有很多种来源。但与 EHR 不同，这些信息主要由患者管理。因此，确保 PHI 数据的完整性是患者的责任，而不是医疗体系的责任。一份典型的 PHR 通常应该包括患者过去及现在的病史、疫苗注射记录及使用处方等信息。最近，PHR 相关平台数量不断增加，提供以患者为中心的解决方案，如瞻柏健康[34]和微软健康保险库[35]。

6.2.2 风险、漏洞和威胁分类

电子健康设备的发展不是由一套包罗一切的安全标准来引领，而是由制造商的偏好和患者的需求来驱动的[166]。手机已经具有了一组标准的系统（例如，安卓或苹果操作系统等）以及通信技术（例如，4G、LTE 或 Wi-Fi），与手机不同的是，目前针对电子健康设备没有一种被广泛接受的标准通信方法、操作环境或者是架构方案。制造商倾向于将根据设备大小决定的技术组合在一起。然而，通信方法是相对标准的，如 Wi-Fi 和蓝牙。与大型医疗设备如核磁共振仪相比，核磁共振仪可能运行更多标准化的技术（例如，用于后端计算的 Linux 操作系统以及用于查看图像的前端 Windows 操作系统），而像心脏起搏器这样的小型设备有许多限制，它必须使用低功耗的处理器以及超长续航时间的电池，这通常需要为此类医疗设备定制相应的操作环境。

因此，网络医疗设备的底层软件和固件已经发展为不同版本、标准和实现方法混杂的状况。此外，连接到互联网这一事实本身就将生态系统直接暴露在基于网络的风险之中。任何网络都存在一定程度的风险，这一风险必须由网络专家来处理。对于支持医疗设备的网络来说，应当有更大的优先权来保证其平稳、连续地运行。这就需要全天候的网络管理来检查流量，并准备在出现任何恶意活动时采取适当的安全措施。

此外，设备的访问控制权限也带来了一个难题。访问控制权限允许直接访问患者的个人数据以及设备的控制代码。一方面，这些设备需要有足够的安全措施来防止任何篡改，但另一方面，它们也要有足够的可访问性来为医疗人员提供服务。

文献[133]指出了电子健康系统中可能影响患者、医疗和技术人员、监控设备、智能手机、智能手机到 Wi-Fi 连接、Wi-Fi 到网络连接、医院信息技术系统和数据中心的以下漏洞。

● 实现缺陷：存在设计缺陷的系统组件可能导致故障。

● 缺乏可用性：由于设备过于复杂，患者可能无法正确地管理它。

● 无保护环境：在公共环境中使用患者监控设备可能会带来安全风险。

● 互操作性不足：未经医疗器械认证的器械之间（如食品和药品管理局认证的器械）存在不兼容的问题。

● 低功耗性能：在内存和处理能力有限的设备中存在这一问题。

● 不受保护的通信通道：攻击者可以在公共通信通道上截获数据。

● 医护人员意识不足：医护人员在操作和管理医疗设备方面的培训不足，可能会暴露出被利用的攻击面。

● 易受恶意软件攻击：不及时更新安全修补程序会使系统面临各种恶意软件攻击的风险。

● 纯文本数据存储：使用纯文本存储数据可能会揭示患者的敏感信息。

● 无线通信截取：攻击者可以截取无线信道上的通信，从而显示或修改患者的数据。

- 缺乏数据可追溯性：可以防止丢失的数据被恢复，防止数据被盗窃。
- 数据链接性：可能导致识别患者及其机密数据。

上述漏洞可将电子健康设备暴露在多种安全威胁之下，包括：

- 数据包丢失：设备传感器和医院网络之间交换的数据可以被故意丢弃。
- 虚假数据：通过受损节点可以将虚假或伪造的数据接入到医院网络。
- 数据冲突：数据冲突可以修改数据包帧的位序列。如果检测到错误，则错误检查机制将拒绝接收的数据。
- 数据误导：像女巫攻击、蠕虫漏洞和选择性转发这样的攻击可以利用路由协议的漏洞误导数据。
- 信令拒绝服务攻击：对医院无线网络的信令攻击可以通过诱导额外的状态信号来启动，这些信号可以干扰医院局域网，使其无法用于设备和紧急服务。
- 未经授权的访问：攻击者可以使用患者的身份非法访问医院网络的资源来检索个人信息。
- 欺骗：攻击者可以从虚假源发送伪造数据。非法设备还可用于收集传感器数据并传输到医疗机构。
- 中间人攻击：可以利用患者智能手机（运行健康应用程序）和基站之间最初连接时的漏洞。
- 数据加扰和干扰：使用超大功率的信号源可以对同一频率范围的无线电信号造成干扰，这会限制或中断医院网络中的通信。此外，置乱算法和技术可用于在通信信道中隐藏敏感数据。

● 可移动介质：像 U 盘和 SD 卡等可移动存储设备都可用于窃取数据，并在药房管理系统（PMS）等医疗管理系统中传播和复制病毒。

● 社会工程漏洞：攻击者可以使用社会工程技术，如借口、转移、网络钓鱼、诱饵和跟踪等，从医护人员获取患者数据。

● 软件安全：对部分监控设备软件的升级可能会导致系统故障，并将设备的安全漏洞暴露出来。医护人员可能会无意中安装恶意软件，将病毒和恶意软件传播到系统中。同样，使用智能手机运行健康应用程序的患者可能会意外安装间谍软件，使得个人健康数据被他人监控。

6.2.3　安全需求和攻击场景

将电子健康分解为不同的体系结构域有助于评估其安全性。文献[86]确定了电子健康中主要有以下几个安全部件：端点设备、访问点、云服务、合作伙伴和提供者。由于电子健康系统依赖于物联网环境中的各种组件（传感器、执行器、网络、处理和存储），因此电子健康系统的安全水平由系统中最薄弱的组件决定。它还确定了针对电子健康系统最主要的三个攻击方式：数据、通信通道以及对医疗设备的物理攻击。

6.2.3.1 安全目标

在典型的电子健康设备场景中，监控设备会定期读取与患者健康有关的指标，例如血压。读数通常存储在另一个本地设备或收集器中（例如，M2M 网关），然后定期将读数传输到应用服务器。经过一些处理后，这些数据可以提交给医护人员供参考。

这个例子展示了电子健康系统需要防范以下几个攻击目标：

● 设备的安全：这需要验证设备引导加载程序并通过设备的安全引导实现平台的完整性。此外，密钥应放在防篡改存储器中，并通过访问控制机制加以保护。另外，在电子健康应用场景中，应该有一个用于设备标识的唯一标识符。

● 通信信道安全：在通信会话期间应该始终保持数据的完整性，以防止数据发生任何更改。其次，在数据交换过程中，医疗设备和应用服务器之间应该使用加密、解密功能进行相互认证和数据保密。

● 总体生态系统安全性：密钥应具有适当的密钥管理机制，生态系统应为高级加密协议提供支持。

6.2.3.2 安全问题

以下是思科研究报告［86］中指出的一些主要电子健康安全问题：

● 原始设备制造商合作伙伴的合规性：医疗器械的原始设备制造商依赖于其各个制造合作伙伴来遵守相关安全法规。如果合作伙伴制造商不遵守安全规定，固件等设备组件可能会受到损害。在某些操作条件下，设备本身也有可能出现流氓行为，这与未经授权的访问具有类似的危险情况。

● 本地环境的安全性：医疗设施可能被视为可信的本地操作环境，因此医疗设备和设施网关之间的通信可能不会加密。已经有相关研究证明，胰岛素泵等设备容易受到远程攻击的影响，这类设备通过无线网络与使用专有通信协议的患者监护计算机连接。因此，只要认为任何设备操作环境存在信任问题，则必须通过加密的方式保护从设备到环境网关或收集器的所有通信，以确保数据机密性。

● 无法在设备上进行有效地加密：电子健康中，很多物联网设备的内存十分有限，其微处理器无法处理 AES 等标准加密协议。此外，连接企业信息技术后端的设备必须进行加密，这一过程需要进行大量的数学计算。这会给电池带来巨大压力，因为计算会耗费大量电池电量，尤其适用于需要部署数年并且无法进行任何维护工作的设备。

● 用于通信的协议：医疗设备的另一个问题是，并不是所有网络的通信协议都是 IP 协议。例如，ZigBee 通常作为设备的首选个人区域网络（PAN）协议。因此，另一个设备必须充当医疗设备和 IP 网络之间的通信网关。该设备通常还充当数据采集器。这对设备和网关之间的安全通信提出了进一步的要求。很多组织都在积极推动在医疗设备中使用 IP 协议，而不使用像 ZigBee 这样的非 IP 协议。

● 在 GSM 或 GPRS 网络上使用的加密方案：像 A5 这样在 GSM 或 GPRS 网络上使用的加密方案不再被认为是安全的。像 3G 或 4G 这样的网络有更好的安全机制，但它们在物联网设备市场中所占的比例非常小。如果没有像 AES 这样的分层加密方案，供应商的私有网络可以通过中间人攻击入侵。

6.2.4　电子健康安全模型

● 针对全局窃听的强隐私保护方案：在文献［226］中提出的针对全局窃听的强隐私保护方案（SAGE）是基于双线性的配对技术［52］。这一点非常重要，因为它不仅针对面向内容的隐私提供了安全性，而且还针对"强大的全球对手"确保了环境的隐私。如果对手能够将消息的源和目的地链接起来，则称其侵犯了环境的隐私。例如，如果对手可以将患者与某个特定的医生联系起来，则会公开患者的隐私。通过病人和医生之间的交流可以推测出病人的个人病史和罹患疾病。针对全局窃听的强隐私保护方案背后的思想是：当病人信息数据库（PIDB）从病人那里接收到个人健康信息（PHIs）时，它将个人健康信息广播给所有的医生。因此，医生将只能知道他们自己所治疗的病人的健康信息。由于广播的性质，通过 SAGE 可以实现无条件的接收者匿名，从而保证患者隐私。此外，SAGE 还可以防止重放攻击和伪造攻击。在重放攻击的情况下，SAGE 管理的可信机构（TA）将植入一个可编程守护程序（DP），该程序将检查 SAGE 认证算法中时间戳的有效性。如果发现时间戳已过期，则将丢弃重播的旧消息。SAGE 还将防止传输中的伪造消息，因为它内置了基于静态共享密钥和数字签名技术的消息身份验证。

● 再信任（ReTrust）：通过识别医疗传感器网络（MSN）在患者监控方面面临的安全和性能挑战，文献［84］提出了一种医疗传感器网络的双层体系结构，并开发了一种抗攻击的轻量级信任管理协议命名为再信任（ReTrust），它弥补了现有信任系统的安全性和效率弱点。通过大量的分析表明，这种体系结构模型对于提高网络的整体容量和可扩展性，延长网络的生命周期是至关重要的。再信任机制的轻量级体现在它不会给资源匮乏的传感器网络（SNs）带来任何额外的开销。此外，主节点上的信任计算也很简单。ReTrust 是第一个针对医疗传感器网络的抗攻击信任管理协议。实验结果表明，ReTrust 不仅能有效识别恶意行为，排除恶意或故障节点，而且能显著提高网络性能。此外，仿真结果表明，ReTrust 能够有效地防御开关攻击和恶意攻击。

● 新一代电子健康安全机制：文献［83］提出了新一代电子健康（NGeH）框架架构，作为标准欧洲电信标准协会（ETSI）或Parlay架构的扩展。该体系结构通过新的服务能力特性（SCFs）、传感器、分析和安全机制进行扩展，以实现所支持服务的个性化、应用环境感知和安全性等特殊特性。扩展框架旨在集成各种安全机制，以确保数据机密性、数据完整性、身份验证、授权和不可抵赖性。例如，它能够支持文献［127］中设计的安全机制。在基于智能家庭的 NGeH 远程监控系统中，医疗数据从智能家庭传输到医疗设施过程中，开发者就可以使用文献［107］中提出的数据完整性机制来获得数据完整性。

● 适应性安全机制：适应性安全背后的思想来源于这样一种观点，安全威胁越来越具有动态性和演化性，攻击目标和安全对策往往相互矛盾。虽然攻击试图操纵信息系统的弱点，但安全对策旨在保护系统资产。保护电子健康系统的资产免受不断演变的威胁取决于系统检测和理解环境变化的能力。适应性是指通过监测模块获取环境变化情况，并根据这些变化调整系统参数。

自主计算［155］和自适应软件［194］的概念与人类神经系统类似［206］。它们推动着自适应安全的发展，这一目的是为了尽可能减少人类在自动系统过程中的干预。与人类神经系统类似，自适应系统的优势在于能够保护自己免受威胁，从故障中恢复，并根据环境变化自动重新配置自己［155］。自适应系统可以通过使用各种传感器感知其内部和外部环境的变化来实现这一点，并通过使用各种执行器调整系统的工作参数来抵消这些变化的影响［1］。自适应安全系统的典型组件包括监视器、分析器、适配器和自适应知识数据库［117］。

6.3　智能电网

智能电网之所以被称为"智能电网"，是因为其计量和控制系统依赖于先进的有线、无线、云计算以及物联网网络，用于供应商和消费者之间的双向数字通信，这使得对智能计量和监控系统的支持成为可能。智能电网环境中的物联网包括并管理许多设备，如智能电表、智能插头、家庭网关、连接设备等。它在许多组成智能电网的系统中也起着重要的作用，如各种输电线路和家用电器的能源监管监测系统。此外，智能电网为变电站自动化提供了通信网络和平台。相比之下，传统电网具有可预测的通信链路，并形成由专用电力设备组成的封闭网络。由于智能电网不是一个封闭的网络，它与互联网等各种通信渠道相连，它不可避免地会继承这些网络的所有弱点和网络空间的弱点。这可能会导致潜在的破坏性后果，比如通过安全漏洞进入一个为家庭、医院、办公室、工业和全球经济提供动力的系统。

6.3.1　安全事件案例介绍

本节介绍了一些针对智能电网基础设施的网络攻击的著名案例。如果这样的基础设施在网络攻击中受损，工业和医院可能会关闭，人们在寒冷的冬季无法使用住宅供暖系统。智能电网攻击可能不同于车联网或电子健康基础设施上的攻击，因为它们越来越接近构成国家级网络战。实际上，这些攻击中最重要的涉及高度复杂的恶意软件（Stuxnet、Flame 等），它们是被称为"奥运行动"（Operation Olympic Games）［196］的秘密网络破坏活动的一部分。

● 美国电网遭涉嫌被黑客攻击：在《华尔街日报》（Wall Street Journal）［110］的一篇报道中，美国公共管理官员承认，2009年美国电网的系统后门被黑客发现，并被植入可以扰乱电力供应的漏洞。

● 迈克·戴维斯在美国黑帽会议上对智能电表的概念验证攻击（2009）：为了揭示智能电表体系结构的弱点，IOActive 安全顾问迈克·戴维斯和他的团队创建了一个蠕虫，它可以用同一品牌的智能电表在一个房屋区域内进行自我复制和自我分发。在2009年美国黑帽会议上，这一蠕虫被用来实际演示一次网络攻击，在攻击的24小时内大约控制了22000 个家庭中的68% 的智能电表设备［87］。

● 联邦调查局对波多黎各猖獗的电力盗窃案的调查：2009年，波多黎各的一家电力公司要求美国联邦调查局介入调查严重的电力盗窃案件，据称这些案件与该公司部署智能电表有关。随后的调查发现，该公司的前雇员以及智能电表制造商的前雇员一直在更换电表以换取现金。他们能够侵入电表修改记录功耗的设置。这一操作是用一个串行端口将计算机连接到电表上［139］，并通过加载一个从互联网下载的软件来实现。

● 震网病毒（Stuxnet）：震网病毒于2010年被检测到，安全专家认为它是迄今为止发现的最复杂的恶意软件。它可以利用几个零日漏洞来传播并感染其他系统。同时，它还介绍了第一个已知的工业控制系统（ICS）木马，通常称为监控和数据采集系统

（SCADA）。它在感染基于 Windows 的系统后搜索这些 SCADA 系统。这一木马的实际攻击目标是包含在 SCADA 系统中的可编程逻辑控制器（PLC）。可编程逻辑控制器是可以在 Windows 系统下编程的微控制器，它包含控制和自动化工业过程的特殊代码，例如核电站中的一台机器。具体来说，震网病毒以硬件和相关公司的软件为目标，改变可编程逻辑控制器的逻辑状态，并向监控软件和操作人员隐瞒这种改变。它可以利用被盗的有效数字证书，并最终掌握 WinCC 监控与数据采集应用程序。震网病毒可以利用可编程逻辑控制器（PLC）将自己的代码另外上传到 PLC。然后它可以隐藏此代码，因此当操作员或程序员试图查看 PLC 上的所有代码块时，震网病毒注入的代码是不可见的。因此，震网病毒也是第一个公开的木马，它可以隐藏 PLC 上的注入代码。通过向 PLC 写入代码，它可以潜在地控制系统的运行方式，并改变由 PLC 控制的机器的行为，例如，导致核电站中的快速旋转离心机自毁。各国政府和安全机构仍在了解震网病毒的全部范围和能力。据公共媒体报道，安全专家认为震网病毒是作为国家级破坏活动的网络武器而制造的，只有政府一级的赞助商才有能力和资源发布如此复杂的恶意软件。有研究认为，震网病毒的最初目的是直接破坏和削弱某些地区的核设施。有报道证实，该地区核设施确实遭受了一些破坏，但具体程度尚未披露。从那以后，在世界各地使用该公司 PLC 的机构和公司都报告受到了震网病毒的感染。最近，卡巴斯基实验室纽约办事处的一个安全小组能够对蠕虫进行反向工程[100，141]。

● 杜曲（Duqu）：杜曲是在 2011 年被发现的，似乎是基于震网病毒[48]开发的。一般认为，杜曲的开发者与震网病毒的开发者是同一个人，或者它的开发者至少可以访问震网病毒的源代码。与以直接破坏工控系统为目标的震网病毒不同，杜曲的主要目标是对工控系统进行间谍活动，包括收集系统信息和记录关键操作等，为未来的攻击做好准备。安全专家们正在分析杜曲的源代码，并相信杜曲会在未来发动类似震网病毒的攻击。一些组织，特别是那些制造工业控制系统的组织，被发现在他们的系统中含有杜曲的可执行文件。

● 夜龙（Night Dragon）：夜龙组织了多起有针对性的袭击，从包括石油、天然气和石化公司在内的多家能源公司获取机密信息。最初的目标可能是损害这些公司的工业控制系统。这些攻击不够复杂，不足以利用任何零日漏洞，而是利用几种技术（如基于 Windows 的系统中的漏洞、鱼叉式网络钓鱼、远程管理工具和社会工程）来利用已知漏洞。黑客获取的机密信息包括财务文件、油气田勘探数据、监控与数据采集系统的操作细节以及私人公司谈判的细节。英特尔安全公司迈克菲（McAfee）追溯了这些攻击的具体来源[80]。

6.3.2　延伸阅读

对智能电网漏洞和攻击的详细分析和分类超出了本书的范围。读者可参阅国家智能电网网络安全标准和技术指南研究所第 3 卷[112]了解全面概述。

第7章 结论与未来工作

7.1 结 论

物联网发展如此之快，我们有理由期待一个"超级互联的世界"。由于物联网是互联网在设计上的延伸，互联网的大部分安全和隐私问题都将由物联网继承。此外，物联网的相关特性还可能会引入新的漏洞，从而进一步扩展物联网系统的受攻击面[154]。虽然为保护互联网而开发的解决方案和机制肯定可以扩展到物联网来解决已知的问题，但设计和部署具有内置安全性和隐私性的物联网体系结构是至关重要的，只有这样才能将新引入的漏洞范围降到最低。此外，通过对物联网脆弱性的系统分析和详细的威胁分类可以创建专门的威胁空间，这将改进在设备、应用程序、服务设计和部署阶段的威胁识别和保护措施，以及在操作阶段对攻击进行检测、隔离和遏制。社会治理设想建立一个标准化的共生框架，这将有助于信息在网络社会的关键驱动力之间自由流动。该框架将促进所有驱动因素积极参与物联网服务整个生命周期的活动，从而促进物联网系统的快速、有组织、稳健和安全发展。该框架可以解决许多与隐私、信任和声誉相关的威胁。此外，该框架借助 HDPMS 和 PCSDs 能够优化安全和隐私政策的制定和实施，进而使未来的互联社会不仅在技术上安全，而且在社会上安全。社会安全是一个很少被讨论的问题，目前通常被认为是技术安全的一个含义。然而在现实中，一个安全的物联网系统可能对社会不安全，社会治理还将注重社会安全。在轻量级密码机制、网络协议、数据和身份管理、用户隐私、自我管理和可信体系结构等领域仍然存在许多开放性问题[191]。通过详细分析物联网应用程序在车联网、电子健康以及智能电网等三个领域的部署情况，本书进一步明确了这些领域中的安全需求。

7.2 未来工作

物联网本身仍然是一个新兴概念。它建立在低功耗计算、分布式系统和计算机网络等领域的发展之上。安全性是物联网最关键的方面之一，只有充分解决安全和隐私问题，才能使物联网在部署中实际可行。由于物联网的网络物理特性，物联网中的安全和隐私问题会带来许多过去不存在的可用性问题。

本书提出了一种新的物联网管理方法，这一方法称为社会治理。对这一概念的认识一直处于较高的水平；这本书没有详细介绍网络社会驱动程序之间信息交换的程序和协议。因此，对这些过程和协议进行详细的设计和形式化是一个很有希望的工作方向。此外，未来的研究可以开发一个 HDPMS-PCSDs 的实际模型，来证明社会治理概念的实际可行性。

参考文献

1. An architectural blueprint for autonomic computing. Technical Report，IBM Corporation，Autonomic computing（White Paper）（2006）

2. China Telecom Internet of Things Report. Technical Report，China Telecom（2011）

3. The 'Internet of things' will mean really，really big data（2013）. http：// www.infoworld.com/d/big-data/the-internet-of-things-will-mean-really-really-big-data-223314

4. 50 Sensor Applications for a Smarter World（2014）. http：// www.libelium.com/ 50_sensor_applications/

5. An Internet of Cows（and Sheeps!）（2014）. http：// designculturelab.org/2011/07/20/ an-internet-of-cows-and-sheeps/

6. Automotive Cyber Security：An IET/KTN Thought Leadership Review of risk perspectives for connected vehicles. Tech. rep，The Institute of Engineering and Technology IET（2014）

7. Cyber criminals hack smart fridge to send out spam. The Economic Times（2014）

8. Dealing with the risks and rewards of the Internet of Everything, part 1（2014）. http: // blog.trendmicro.com/dealing-risks-rewards-internet-everything-part-1/

9. Designing Advanced Network Interfaces for the Delivery and Administration of Location Independent, Optimised Personal Services（DAIDALOS）（2014）. http: // www.ist-daidalos.org/

10. ETICA: Ethical Issues of Emerging ICT Applications （2014）. http: //www.etica- project.eu/

11. Europian Future Internet Portal（2014）. http: // www.future- internet.eu/

12. Gartner Says the Internet of Things Installed Base Will Grow to 26 Billion Units by 2020（2014）. http: //www.gartner.com/newsroom/id/2636073

13. Google-Blogger（2014）. https: //www.blogger.com/

14. Google Glass May Be Banned In Australia Under New Proposed Privacy Laws（2014）.http: //au.ibtimes.com/articles/546007/20140401/google-glass-privacy-law-australian-reform-commission.htm#.U1RwDuZdU18

15. Hackers Reveal Nasty New Car Attacks–With Me Behind The Wheel（2014）. http: // www.forbes.com/sites/andygreenberg/2013/07/24/hackers-reveal-nasty-new-car-attacks-with-me-behind-the-wheel-video/

16. In the Matter of TRENDnet, Inc.（2014）. http: //www.ftc.gov/enforcement/cases- proceedings/ 122- 3090/trendnet-inc-matter

17. Information Security: A Closer Look（2014）.

http：//quickbase.intuit.com/articles/information-security-a-closer-look

18. Internet of Things（2014）.http：//www.w3.org/WAI/RD/wiki/Internet_of_Things

19. Internet of Things（2014）.https：//www.youtube.com/watch?v=QaTIt1C5R-M

20. Internet of Things-Trends and Challenges in Standardization（2014）. http：// www.itu.int/en/ITU-T/Workshops-and-Seminars/iot/201402/Pages/default.aspx

21. Introducing Windows CardSpace（2014）. http：//msdn.microsoft.com/en-us/library/aa480189.aspx

22. IoT-I：Internet of Things Initiative（2014）. http：//www.iot-i.eu/

23. Making Markets：Smarter Planet（2014）. https：//www.ibm.com/investor/events/ investor0512/presentation/05_Smarter_Planet.pdf

24. Microsoft Passport：Streamlining Commerce and Communication on the Web（2014）. http：//www.microsoft.com/en-us/news/features/1999/10-11passport.aspx

25. OpenID Specifications（2014）. http：//msdn.microsoft.com/en-us/library/aa480189.aspx

26. Oxford Dictionaries Online（2014）. http：//www.oxforddictionaries.com/

27. Privacy（2014）. http：//plato.stanford.edu/entries/privacy/

28. Privacy and Security（2014）.

http：//msdn.microsoft.com/en-us/library/ ms 976532.aspx

29. Public Transport（2014）．

http：//www.aberdeencity.gov.uk/transport_streets/public_
transport/put_public_transport_unit.asp

30. Secure Widespread Identities for Federated Telecommuni-
cations（SWIFT）（2014）．http：//www.ist-swift.org/

31. Word Press（2014）．https：// wordpress.com/

32. ZigBee Alliance（2014）．http：// www.zigbee.org/

33. Practices，Automotive Security，Best：Recommendations
for security and privacy in the era of the next-generation car（White
Paper）．Tech. rep，Intel Security（2015）

34. Juniper Health（2015）．http：//www.phrstoday.com/
juniper-health.html

35. Microsoft Health Vault（2015）．http：//msdn.microsoft.
com/enus/healthvault/default

36. The Internet of Things and Healthcare Policy Principles，
Intel（2015）．http：// www.intel.com/content/dam/www/public/us/
en/documents/white-papers/iot-healthcare-policy-principles-paper.
pdf

37. Motor Vehicles Increasingly Vulnerable to Remote Exploits.
Public Service Announcement（2016）．https：//www.ic 3.gov/
media/ 2016/ 160317.aspx

38. Aboba，B.，Blunk，L.，Vollbrecht，J.，Carlson，J.，
Levkowetz，H.，et al.：Extensible Authentication Protocol（EAP）．
Tech. rep.，RFC 3748，June（2004）

39. Agrawal, P., Bhuraria, S.: Near field communication. IT Matters 67 (2012)

40. Al-Kahtani, M.S.: Survey on security attacks i n vehicular ad hoc networks (vanets). In: 2012 6th International Conference on Signal Processing and Communication Systems (ICSPCS), pp. 1–9. IEEE (2012)

41. Al-Qutayri, M., Yeun, C., Al-Hawi, F.: Security and privacy of intelligent VANETs. INTECH Open Access Publisher (2010)

42. Alexandru, S., Maksym, V., Alexandru, E., Traian, M.: Managing the privacy and security of eHealth data. In: 2 0th International Conference on Control Systems and Computer Science (IEEE), 2015, pp. 439–446 (2015)

43. Applegate, S.: The principle of maneuver in cyber operations. In: 2012 4th International Conference on Cyber Conflict (CYCON), pp. 1–13 (2012)

44. Associati, C.: The Evolution of Internet of Things. Tech. rep., Focus (2011)

45. Barnaghi, P., Wang, W., Henson, C., Taylor, K.: Semantics for the Internet of Things: early progress and back to the future. Int. J. Semant. Web Inf. Syst. (IJSWIS) 8 (1), 1–21 (2012)

46. Basagni, S., Herrin, K., Bruschi, D., Rosti, E.: Secure pebblenets. In: Proceedings of the 2nd ACM International Symposium on Mobile Ad Hoc Networking & Computing, pp. 156–163. ACM (2001)

47. Bassi, A., Horn, G.: Internet of Things in 2020: A Roadmap for the Future. Information Society and Media, European Commission (2008)

48. Bencsáth, B., Pék, G., Buttyán, L., Félegyházi, M.: Duqu: A stuxnet-like malware found in the wild. CrySyS Lab Technical Report 14 (2011)

49. Bhattasali, T., Chaki, R., Sanyal, S.: Sleep deprivation attack detection in wireless sensor network. Int. J. Comput. Appl. 40 (15), 19–25 (2012)

50. Bibhu, V., Kumar, R., Kumar, B.S., Singh, D.K.: Performance analysis of black hole attack in vanet. Int. J. Comput. Netw. Inf. Secur. 4 (11), 47 (2012)

51. Bizer, C., Heath, T., Berners-Lee, T.: Linked data-the story so far. Int. J. Semant. Web Inf. Syst. 5 (3), 1–22 (2009)

52. Boneh, D., Franklin, M.K.: Identity-based encryption from the weil pairing. In: Proceedings of the 21st Annual International Cryptology Conference on Advances in Cryptology, CRYPTO' 01, pp. 213–229. Springer-Verlag, London, UK, UK (2001). http://dl.acm.org/citation.cfm?id=646766.704155

53. Boritz, J.E.: IS practitioners' views on core concepts of information integrity. Int. J. Account. Inf. Syst. 6 (4), 260–279 (2005). doi: 10.1016/j.accinf.2005.07.001. http://www.sciencedirect.com/science/article/pii/S1467089505000473

54. Boyle, R.: Proof-of-Concept CarShark Software Hacks Car Computers, Shutting Down Brakes, Engines, and More (2014).

http：//www.popsci.com/cars/article/2010- 05/researchers-hack-car-computers-shutting-down-brakes-engine-and-more

55. Brachmann，M.，Morchon，O.，Keoh，S.，Kumar，S.：Security considerations around end-to-end security in the IP-based internet of things. In：Proceedings of the Workshop on Smart Object Security，in Conjunction with IETF83，Paris，France，pp. 25–30（2012）

56. Bray，J.，Sturman，C.F.：Bluetooth 1.1 : Connect Without Cables. Pearson Education（2001）

57. Brian Cashell William D. Jackson，M.J.，Webel，B.：The Economic Impact of Cyber-Attacks. Tech. rep.，Government and Finance Division（2004）

58. Broenink，G.，Hoepman，J.H.，van't Hof，C .，Kranenburg，R .V.，Smits，D.，Wisman，T.：The privacy coach：supporting customer privacy in the internet of things. CoRR（2010）. arXiv：abs/1001.4459

59. Broenink，G.，Hoepman，J.H.，Hof，C.V.，Van Kranenburg，R .，Smits，D.，Wi sman，T.：The Privacy Coach：Supporting customer privacy in the Internet of Things（2010）. arXiv：1001.4459

60. Bush，R .，Meyer，D.：Some internet architectural guidelines and philosophy（2002）

61. Carbo，J.，Molina，J.M.，Davila，J.：Trust management through fuzzy reputation. Int. J. Coop. Inf. Syst. 12（01），135–155（2003）

62. Cardenas, A.A., Amin, S., Sastry, S.: Secure control: towards survivable cyber-physical systems. System 1 (a2), a3 (2008)

63. Carsten, P., Andel, T.R., Yampolskiy, M., McDonald, J.T.: In-vehicle networks: attacks, vulnerabilities, and proposed solutions. In: Proceedings of the 10th Annual Cyber and Information Security Research Conference, CISR' 15, pp. 1 : 1–1 : 8 (2015)

64. Case, J., Fedor, M., Schoffstall, M., Davin, C.: A simple network management protocol (SNMP) (1989)

65. Cavoukian, A.: Privacy by Design. Report of the Information & Privacy Commissioner Ontario, Canada (2012)

66. Chan, H., Perrig, A., Song, D.: Random key predistribution schemes for sensor networks. In: Symposium on Security and Privacy, 2003. Proceedings. 2003, pp. 197–213. IEEE (2003)

67. Chen, D., Chang, G., Sun, D., Li, J., Jia, J., Wang, X.: TRM-IoT: a trust management model based on fuzzy reputation for internet of things. Comput. Sci. Inf. Syst. 8 (4), 1207–1228 (2011)

68. Cheng, L., Galis, A., Mathieu, B., Jean, K., Ocampo, R., Mamatas, L., Rubio-Loyola, J., Serrat, J., Berl, A., de Meer, H., et al.: Self-organising management overlays for future internet services. In: Modelling Autonomic Communications Environments, pp. 74–89. Springer (2008)

69. Chibelushi, C., Eardley, A., Arabo, A.: Identity management in the Internet of Things: the role of MANETs for

healthcare applications. Comput. Sci. Inf. Technol. 1（2），73-81
（2013）

70. Chim，T.W.，Yiu，S.，Hui，L.C.，Li，V.O.：Security and
privacy issues for inter-vehicle communications in vanets. In：6th
Annual IEEE Communications Society Conference on Sensor，Mesh
and Ad Hoc Communications and Networks Workshops，2009.
SECON Workshops' 09，pp. 1-3. IEEE（2009）

71. Chim，T.W.，Yiu，S.M.，Hui，L.C.，Li，V.O.：Specs：
secure and privacy enhancing communications schemes for vanets.
Ad Hoc Netw. 9（2），189-203（2011）

72. Claessens，J.，Gessner，J.，Hof，H.J.，Kloukinas，C.：
IoT@Work，WP3 SECURITY：D3.1 THREAT ANALYSIS. Tech.
rep.，IoT@Work（2010）

73. Clearfield，C.：Rethinking security for the Internet of
Things（2014）. http：// blogs.hbr.org/2013/06/rethinking-security-
for-the-in/

74. Clearfield，C.：Why the FTC can't regulate the
Internet of Things（2014）. http：// www.forbes.com/sites/
chrisclearfield/2013/09/18/why-the-ftc-cant-regulate-the-internet-
of-things/

75. Cole，P.H.，Ranasinghe，D.C.：Networked RFID Systems
and Lightweight Cryptography. Springer，London，UK，10 ，978-3
（2008）

76. Commission，A.L.R.：Serious Invasions of Privacy in the
Digital Era. Tech. rep，Australian Government（2014）

77. Conti, M., Das, S.K., Bisdikian, C., Kumar, M., Ni, L.M., Passarella, A., Roussos, G., Trster, G., Tsudik, G., Zambonelli, F.: Looking ahead in pervasive computing: Challenges and opportunities in the era of cyberphysical convergence. Pervasive and Mobile Computing 8 (1), 2–21 (2012). doi: 10.1016/ j.pmcj.2011.10.001.http: // www.sciencedirect.com/science/article/ pii/S1574119211001271

78. Council, A.: Excellence in Travel Information & Marketing. Scottish Transport Awards 2013 (2013)

79. Covington, M., C arskadden, R.: Threat implications of the Internet of Things. In: 2013 5th International Conference on Cyber Conflict (CyCon), pp. 1–12 (2013)

80. Cyberattacks, G.E.: Night dragon. McAfee Foundstone Professional Services and McAfee Labs (2011)

81. Damiani, E., di Vimercati, D.C., Paraboschi, S., Samarati, P., Violante, F.: A reputation-based approach for choosing reliable resources in peer-to-peer networks. In: Proceedings of the 9th ACM Conference on Computer and Communications Security, CCS' 02, pp.207–216. ACM, New York, NY, USA (2002) .doi: 10.1145/ 586110.586138. http: // doi.acm.org/ 10.1145/ 586110.586138

82. Damianou, N.C.: A policy framework for management of distributed systems. Ph.D. thesis, Imperial College (2002)

83. Daojing, H., Chun, C., Sammy, C., Jiajun, B., Athanasios, V.: A new framework architecture for next generation e-Health services. IEEE J. Biomed. Health Inf. 16 (4), 623–632 (2012)

84. Daojing，H.，Chun，C.，Sammy，C.，Jiajun，B.，Athanasios，V.：ReTrust：attack-resistant and lightweight trust management for medical sensor networks. IEEE Trans. Inf. Technol. Biomed. 16（4），623–632（2012）

85. David，K.：The real story of Stuxnet. IEEE Spectrum（2013）.http：// spectrum.ieee.org/telecom/security/the-real-story-of-stuxnet

86. David，L.，Rodolfo，M.，Monique，M.，Rajesh，V.：Internet of Things：Architectural Framework for eHealth Security. JICTS J. ICT Stand. 1（3），301–328（2014）

87. Davis，M.：Smartgrid device security. adventures in a new medium（July 2009）

88. De Poorter，E.，Moerman，I.，Demeester，P.：Enabling direct connectivity between heterogeneous objects in the Internet of Things through a network-service-oriented architecture. EURASIPJ. Wirel.Commun. Netw. 2011（1），61（2011）. doi：10.1186/1687-1499-2011-61.http：//jwcn.eurasipjournals.com/content/2011/1/61

89. Denning，T.，Kohno，T.，Levy，H.M.：Computer security and the modern home. Commun. ACM 56（1），94–103（2013）. doi：10.1145/2398356.2398377. http：// doi.acm.org/10.1145/2398356.2398377

90. Dey，A.K.：Understanding and using context. Pers. Ubiquitous Comput. 5（1），4–7（2001）

91. Dierks，T.：The transport layer security（TLS）protocol version 1.2（2008）

92. Whitman, M.E., J. Mattord, H.: Principles of information security. Course Technology; 4 edition (2011)

93. Consortium, D. (eds.): DiYSE Report on Service Ontologies. DiYSE deliverable D3.1 p.8 (2010)

94. Efthymiou, C., Kalogridis, G.: Smart grid privacy via anonymization of smart metering data. First IEEE Int. Conf. Smart Grid Commun. (SmartGridComm) 2010, 238–243 (2010). doi: 10.1109/SMARTGRID.2010.5622050

95. Eisenbarth, T., Kumar, S., Paar, C., Poschmann, A., Uhsadel, L.: A survey of lightweight-cryptography implementations. IEEE Des. Test Comput. 24 (6), 522–533 (2007)

96. El Maliki, T., Seigneur, J.M.: A survey of user-centric identity management technologies. In: The International Conference on Emerging Security Information, Systems, and Technologies, 2007. SecureWare 2007, pp.12–17 (2007). doi: 10.1109/SECUREWARE.2007.4385303

97. Elkhodr, M., Shahrestani, S., Cheung, H.: In: 10th International Conference on ICT and Knowledge Engineering (ICT Knowledge Engineering) (2012)

98. Eloff, J., Eloff, M., Dlamini, M., Zielinski, M.: Internet of people, things and services—the convergence of security, t rust and privacy. In: 3rd CompanionAble Workshop IoPTS. Novotel Brussels, Brussels (2009)

99. Evans, D.: The Internet of Things: How the Next Evolution of the Internet Is C hanging Everything. Tech. rep., Cisco

Systems，Inc.（White Paper）（2011）

100. Falliere，N.，Murchu，L.O.，Chien，E.：W32. stuxnet dossier. White paper，Symantec Corp.，Security. Response 5，6（2011）

101. Forouzan，B .A.：Cryptography & Network Security，1st edn. McGraw-Hill Inc，New York，NY，USA（2008）

102. Forsberg，D.，Ohba，Y.，Patil，B.，Tschofenig，H.，Yegin，A.：Protocol for carrying authentication for network access（PANA）（2008）. http：//www.ietf.org/rfc/rfc5191.txt

103. Friese，I.：Concepts of identity within t he Internet of Things（2014）. https：// kantarainitiative.org/confluence/display/ IDoT/Concepts+of+Identity+within+the+Internet+of+Things

104. Gambs，S.，Guerraoui，R.，Harkous，H.，Huc，F.，Kermarrec，A.M.：Scalable and secure polling in dynamic distributed networks. In：IEEE 31st Symposium on Reliable Distributed Systems（SRDS），2012，pp. 181–190. IEEE（2012）

105. Garcia-Morchon，O.，Kumar，S.，Keoh，S.，Hummen，R.，Struik，R.：Security considerations in the IP-based Internet of Things. draft-garcia-core-security-06（2014）

106. Garfinkel，S.，Juels，A.，Pappu，R.：R FID privacy：an overview of problems and proposed solutions. IEEE Secur. Priv.3（3），34–43（2005）. doi：10.1109/MSP.2005.78

107. Georgios，M.，Dimitrios，L.，Nikos，K.：Integrity mechanism for eHealth tele-monitoring sys-tem in smart home environment. In：Annual International Conference of the IEEE

Engineering in Mcdicine and Biology Society (IEEE), 2009, pp. 3509–3512. IEEE (2009)

108. Gluhak, A., Krco, S., Nati, M., Pfisterer, D., Mitton, N., R azafindralambo, T.: A survey on facilities for experimental Internet of Things research. IEEE Commun. Mag. 49 (11), 58–67 (2011). doi: 10.1109/MCOM.2011.6069710

109. Gomez-Skarmeta, A.F., Martinez-Julia, P., Girao, J., Sarma, A.: Identity based architecture for secure communication in future internet. In: Proceedings of the 6th ACM Workshop on Digital Identity Management, DIM'10, pp. 45–48. AC M, New York, NY, USA (2010). doi: 10.1145/1866855.1866866. http://doi.acm.org/10.1145/1866855.1866866

110. Gorman, S.: Electricity grid in us penetrated by spies. Wall Str. J. 8 (2009)

111. Greenberg, A.: Americas Hackable Backbone. Forbes (2007)

112. Group, S.G.I.P.C.S.W., et al.: Nistir 7628 guidelines for smart grid cyber security. Privacy and the smart grid 2 (2010)

113. Gudymenko, I., Borcea-Pfitzmann, K., Tietze, K.: Privacy Implications of the Internet of Things. In: Constructing Ambient Intelligence, pp. 280–286. Springer (2012)

114. Guette, G., Bryce, C.: Using tpms to secure vehicular ad-hoc networks (vanets). In: Information Security Theory and Practices. Smart Devices, Convergence and Next Generation Networks, pp. 106–116. Springer (2008)

115. Gupta, V., Millard, M., Fung, S., Zhu, Y., Gura, N., Eberle, H., Shantz, S.: Sizzle: A standards-based end-to-end security architecture for the embedded internet. In: Third IEEE International Conference on Pervasive C omputing and Communications, 2005. PerCom 2005, pp. 247–256 (2005). doi: 10.1109/PERCOM.2005.41

116. Gutierrez, J.A., Naeve, M., Callaway, E., Bourgeois, M., Mitter, V., Heile, B.: IEEE 802.15.4 : a developing standard for low-power low-cost wireless personal area networks. IEEE Netw.15 (5), 12–19 (2001)

117. Habtamu, A.: Adaptive security and t rust management for autonomic message-oriented middleware. In: 6th International Conference on Mobile Adhoc and Sensor Systems (IEEE), 2009, pp. 810–817 (2009)

118. Haller, S.: The Things in the Internet of Things. In: Internet of Things Conference (2010)

119. Handley, M.J., Rescorla, E.: Internet denial-of-service considerations (2006)

120. Hartig, O.: Provenance information i n t he web of data. In: LDOW (2009)

121. Hassin, Y., Peleg, D.: Distributed probabilistic polling and applications to proportionate agreement. In: Wiedermann, J., Emde Boas, P., Nielsen, M. (eds.) Automata, Languages and Programming, Lecture Notes in Computer Science, vol. 1644, pp. 402–411. Springer Berlin Hei-delberg (1999). doi: 10.1007/3-540-

48523-6-37. http://dx.doi.org/10.1007/3-540-48523-6-37

122. He, Q., Blum, R.S.: New hypothesis testing-based rapid change detection for power grid system monitoring. Int. J. Parallel, Emerg. Distrib. Syst. (ahead-of-print), 1–25 (2013)

123. Heer, T., Garcia-Morchon, O., Hummen, R., Keoh, S.L., Kumar, S.S., Wehrle, K.: Security Challenges in the IP-based Internet of Things. Wirel. Pers. Commun. 61 (3), 527–542 (2011). doi: 10.1007/s11277-011-0385-5. http://dx.doi. org/10.1007/s11277-011-0385-5

124. Hendricks, J., van Doorn, L.: Secure bootstrap is not enough: shoring up the trusted computing base. In: Proceedings of the 11th Workshop on ACM SIGOPS European Workshop, EW 11. ACM, New York, NY, USA (2004). doi: 10.1145/ 1133572.1133600. http://doi.acm.org/10.1145/1133572.1133600

125. van den Hoven, J.: Fact sheet-Ethics Subgroup IoT—Version 4.0. Technical Report, Delft University of Technology, Chair Ethics Subgroup IoT Expert Group (2012)

126. Hyvonen, L., Pinto, A., Troelsen, J.: Near Field Communication (2012). US Patent 8, 212, 735

127. Ioannis, K., Nikos, Z., Nikos, K.: Integrity and authenticity mechanisms for sensor networks. Int. J. Comput. Res. 15 (1), 57–72 (2007)

128. Jakab, L., Cabellos-Aparicio, A., Coras, F., Saucez, D., Bonaventure, O.: LISP-TREE: a DNS hierarchy to support the LISP mapping system. IEEE J. Sel. Areas Commun. 28 (8), 1332–

1343（2010）. doi: 10. 1109/ JSAC. 2010. 101011

129. Jason, H., Neal, P., Beau, W.: The Healthcare Internet of Things: Rewards and Risks. Brent Scowcroft Center on International Security, Atlantic Council of the United States（2015）

130. Johnson, K.E., Kamineni, A., Fuller, S., Olmstead, D., Wernli, K.J.: How t he provenance of electronic health record data matters for research: a case example using system mapping. eGEMs（Generating Evidence & Methods to improve patient outcomes）2（1）, 4（2014）

131. Kagal, L., Finin, T., Joshi, A.: A policy based approach to security for the semantic web. In: The Semantic Web-ISWC 2003, pp. 402–418. Springer（2003）

132. Karonis, N., De Supinski, B ., Foster, I., Gropp, W., Lusk, E., Bresnahan, J.: Exploiting hierarchy in parallel computer networks to optimize collective operation performance. In: 1 4th International Parallel and Distributed Processing Symposium, 2000. IPDPS 2000. Proceedings, pp. 377–384（2000）. doi: 10. 1109/ IPDPS. 2000. 846009

133. Kashif, H., Wolfgang, L.: Threats identification for the smart Internet of Things in eHealth and adaptive security countermeasures. In: 7th International Conference on New Technologies, Mobility and Security（NTMS）, 2 0 1 5, pp. 1–5. IEEE（2015）

134. Kasra, A., Seyed, J.: Vehicular Networks: Security, Vulnerabilities and Countermeasures. Master's thesis, Chalmers

University of Technology and University of Gothenburg，Sweden
（2010）

135. Katz，M.L.，Shapiro，C.: On the Licensing of
Innovations. R AND J. Econ. 16（4），504–520（1985）. http：//
ideas.repec.org/a/rje/randje/v16y1985iwinterp504-520.html

136. Kaufman，C.: Internet Key Exchange（IKEv2）Protocol，
R FC 4306（2005）

137. Kortuem，G.，Kawsar，F.，Fitton，D.，Sundramoorthy，V.: Smart
objects as building blocks for the Internet of things. IEEE Internet
Comput. 14（1），44–51（2010）. doi：10.1109/ MIC.2009.143

138. Kraemer，J.A.，Levesque，R.H.，Nadkarni，A.P.: Key
Management for Network Communication（1998）. US Patent 5，
825，891

139. Krebs，B.: Fbi: Smart meter hacks likely to spread. Krebs
on Security. http：// krebsonsecurity.com/2012/04/fbi-smart-meter-
hacks-likely-to-spread/（2012）. Accessed on 25 April 2012

140. Kushalnagar，N.，Montenegro，G.，Schumacher，C.，
et al.: IPv6 over low-power wireless per-sonal area networks
（6LoWPANs）: overview，assumptions，problem statement，and
goals. RFC4919，August10（2007）

141. Kushner，D.: The real story of stuxnet. IEEE Spectr.3
（50），48–53（2013）

142. Lampe，C.，Ellison，N.B.，Steinfield，C.: Changes
in use and perception of facebook. In: Proceedings of the
2008 AC M C onference on Computer Supported Cooperative

Work, C SCW' 08, pp. 721–730. AC M, New York, NY, USA
(2008). doi: 10.1145/1460563.1460675. http: //doi.acm.
org/10.1145/1460563.1460675

143. Lampropoulos, K., Diaz-Sanchez, D., Almenares,
F., Weik, P., Denazis, S.: Introducing a cross federation identity
solution for converged network environments. In: Principles,
Systems and Applications of IP Telecommunications, pp. 1–11. AC
M (2010)

144. Langheinrich, M.: Privacy by design principles of
privacy-aware ubiquitous systems. In: Abowd, G., B rumitt, B.,
Shafer, S. (eds.) Ubicomp 2001 : Ubiquitous Computing, Lecture
Notes in Computer Science, vol. 2201, pp. 273–291. Springer B
erlin Heidelberg (2001). doi: 10.1007/3-540-45427-6-23. http:
//dx.doi.org/10.1007/3- 540-45427-6-23

145. Langheinrich, M.: Privacy i n ubiquitous computing.
Ubiqutious Computing Fundamentals pp. 96–156 (2009)

146. Larson, U.E., Nilsson, D.K., Jonsson, E.: An approach
to specification-based attack detection for in-vehicle networks. In:
Intelligent Vehicles Symposium, 2008 IEEE, pp. 220–225. IEEE
(2008)

147. Le-Phuoc, D., Polleres, A., Hauswirth, M.,
Tummarello, G., Morbidoni, C.: Rapid prototyping of semantic
mash-ups through semantic web pipes. In: Proceedings of the 18th
international conference on World wide web, pp. 581–590. ACM
(2009)

148. Li, D., Aung, Z., Williams, J.R., Sanchez, A.: No peeking: privacy-preserving demand response system in smart grids. Int. J. Parallel Emerg. Distrib. Syst. (ahead-of-print), 1–26 (2013)

149. Li, H., Singhal, M.: Trust management in distributed systems. IEEE Comput. 40 (2), 45–53 (2007)

150. Li, T.: Design goals for scalable Internet routing (2011)

151. Ligatti, J., Rickey, B., Saigal, N.: LoPSiL: A location-based policy-specification language. In: Security and Privacy in Mobile Information and Communication Systems, pp. 265–277. Springer (2009)

152. Lupu, E.C., Sloman, M.: Towards a role-based framework for distributed systems manage-ment. J. Netw. Syst. Manag. 5 (1), 5–30 (1997)

153. Mahmood, R., Khan, A.: A survey on detecting black hole attack in aodv-based mobile ad-hoc networks. In: International Symposium on High Capacity Optical Networks and Enabling Technologies, 2007. HONET 2007, pp. 1–6. IEEE (2007)

154. Manadhata, P.K., Wing, J.M.: An Attack Surface Metric. IEEE Trans. Softw. Eng. 37 (3), 371–386 (2011). http://doi.ieeecomputersociety.org/10.1109/TSE.2010.60

155. Manish, P., Salim, H.: Autonomic computing: an overview. In: Bantre, J.P., Fradet, P., Giavitto, J.L., Nelson, O.M. (eds.) Unconventional Programming Paradigms, vol. 3566, pp. 257–269. Springer, Berlin Heidelberg (2005)

156. Markey, E.: Tracking & Hacking: Security & Privacy

Gaps Put American Drivers at Risk. Ed Markey（2015）.https：//www.markey.senate.gov/imo/media/doc/2015-02- 06MarkeyReport-Tracking- Hacking- CarSecurity.pdf

157. Maturana，F.，Norrie，D.：Distributed decision-making using the contract net within a mediator architecture. Decis. Support Syst. 20（1），53–64（1997）. doi：10.1016/S0167-9236（96）000760.http：//www.sciencedirect.com/science/article/pii/S0167923696000760.Intelligent Agents as a Basis for Decision Support Systems

158. Medaglia，C.M.，Serbanati，A.：An overview of privacy and security issues in the Internet of Things. In：The Internet of Things，pp. 389–395. Springer（2010）

159. Michael，C.，Kevin，M.：Connecting Cybersecurity with the Internet of Things. Pricewa-terhouseCoopers（2014）. http：//usblogs.pwc.com/cybersecurity/connecting- cybersecurity-with-the-internet-of-things/

160. Mockapetris，P.，Dunlap，K.J.：Development of the domain name system. SIGCOMM Comput. Commun. Rev. 18（4），123–133（1988）. doi：10.1145/52325.52338. http：//doi.acm.org/10.1145/52325.52338

161. Montenegro，G.，Kushalnagar，N.，Hui，J.，Culler，D.：Transmission of IPv6 packets over IEEE 802.15. 4 networks. Internet proposed standard RFC 4944（2007）

162. Moreau，L.：The Foundations for Provenance on the Web. Found. Trends Web Sci. 2（2–3），99–241（2010）.doi：

10.1561/1800000010.http://dx.doi.org/10.1561/1800000010

163. Morgan, D.: Web application security SQL injection attacks. Netw. Secur. 2006（4）, 4–5（2006）.doi: 10.1016/S1353-4858（06）70353-1.http://www.sciencedirect.com/ science/article/ pii/S1353485806703531

164. Moskowitz, R., Nikander, P., Jokela, P., Henderson, T.: Host Identity Protocol. RFC5201, April（2008）

165. Nai-Wei, L., Hsiao-Chien, T.: Illusion attack on vanet applications—a message plausibility problem. In: 2007 IEEE Globecom Workshops, pp. 1–8. IEEE（2007）. doi: 10.1109/ GLOCOMW.2007.4437823

166. Nancy, L.: Medical Devices: The Therac-25*, updated from IEEE Computer, vol. 26, No. 7, pp. 18-41（July 1993）. http://sunnyday.mit.edu/papers/ therac.pdf

167. Narten, T., Simpson, W.A., Nordmark, E., Soliman, H.: Neighbor discovery for IP version 6（IPv6）（2007）

168. National Intelligence Council: Disruptive Civil Technologies: Six Technologies With Potential Impacts on US Interests Out to 2025. Official US Government Document, Accession Number ADA519715（2008）

169. Nilsson, D.K., Larson, U.E.: Conducting forensic investigations of cyber attacks on auto-mobile in-vehicle networks. In: Proceedings of the 1st International Conference on Forensic Applications and Techniques In Telecommunications, Information, and Multimedia and Workshop, p.8. ICST（Institute for Computer

Sciences, Social-Informatics and Telecommunications Engineering)
(2008)

170. Nilsson, D.K., Phung, P.H., Larson, U.E.: Vehicle ecu classification based on safety-security characteristics. In: Road Transport Information and Control-RTIC 2008 and ITS United Kingdom Members' Conference, IET, pp. 1–7. IET (2008)

171. O'Leary, D.E.: Big Data, the 'Internet of Things' and the 'Internet of Signs'. Intell. Syst. Account. Financ. Manag. 20 (1), 53–65 (2013). doi: 10.1002/ isaf.1336. http: // dx.doi.org/ 10.1002/ isaf.1336

172. Olifer, N., Olifer, V.: Computer Networks: Principles, Technologies and Protocols for Network Design. John Wiley & Sons (2005)

173. Oluwafemi, T., Kohno, T., Gupta, S., Patel, S.: Experimental security analyses of non-networked compact fluorescent l amps: A Case Study of Home Automation Security. In: Proceedings of the LASER 2013, pp. 13–24. USENIX, B erkeley, CA (2013). https: //www.usenix.org/laser2013/program/oluwafemi

174. Pan, J., Jain, R., Paul, S., Bowman, M., Xu, X., Chen, S.: Enhanced MILSA architecture for naming, addressing, routing and security issues in the next generation Internet. In: IEEE International Conference on Communications, 2009. ICC' 09, pp. 1–6. IEEE (2009)

175. Pan, J., Paul, S., Jain, R.: A survey of the research on future internet architectures. IEEE Commun. Mag. 49 (7), 26–36

（2011）. doi: 10.1109/ MCOM. 2011.5936152

176. Pan, J., Paul, S., Jain, R., Bowman, M.: MILSA: A mobility and multihoming supporting identifier locator split architecture for naming in the next generation Internet. In: IEEE Global Telecommunications Conference, 2008. IEEE GLOBECOM 2008, pp. 1–6. IEEE (2008)

177. Parno, B., Perrig, A.: C hallenges i n securing vehicular networks. In: Workshop on hot topics in networks (HotNets-IV), pp. 1–6 (2005)

178. Perrig, A., Szewczyk, R., Tygar, J., Wen, V., Culler, D.E.: SPINS: security protocols for sensor networks. Wirel. Netw. 8 (5), 521–534 (2002)

179. Pescatore, J.: Securing the "Internet of Things" Survey. Technical Report, SANS (2014)

180. Peter, E., Marco, A.: Industrial Internet: Pushing the Boundary of Mind and Machines. General Electric (2012) .http: // www.ge.com/ sites/ default/ files/ Industrial- Internet.pdf

181. Pfleeger, C.P., Pfleeger, S.L.: Security in Computing, 4th edn. Prentice Hall PTR, Upper Saddle River, NJ, USA (2006)

182. Phelan, T.: Datagram transport layer security (DTLS) over the datagram congestion control protocol (DCCP) (2008)

183. Pignotti, E., Edwards, P.: Trusted tiny things: making the Internet of Things more transparent to users. In: Proceedings of the International Workshop on Adaptive Security, ASPI' 13, pp. 2 : 1–2 : 4. ACM, New York, NY, USA (2013) . doi: 10.1145/

2523501. 2523503. http：//doi.acm.org/10. 1145/2523501. 2523503

184. Plummer，D.: Ethernet Address Resolution Protocol: Or converting network protocol addresses to 48bit Ethernet address for transmission on Ethernet hardware（1982）

185. Preuveneers，D.，Berbers，Y.: Internet of things: A context-awareness perspective. The Internet of Things: From RFID to the Next-Generation Pervasive Networked Systems pp. 287–307（2008）

186. Rahbari，M.，Jamali，M.A.J.: Efficient detection of sybil attack based on cryptography in vanet（2011）. arXiv: 1112. 2257

187. Ramzan，Z.: Phishing Attacks and Countermeasures. In: P. Stavroulakis，M. Stamp（eds.）Handbook of information and communication security，pp. 433–448. Springer Berlin Hei-delberg（2010）. doi: 10. 1007/978-3-642-04117-4-23. http：//dx.doi.org/10. 1007/978-3-642-04117-4-23

188. Raya，M.，Hubaux，J.P.: The security of vehicular ad hoc networks. In: Proceedings of the 3rd ACM workshop on Security of ad hoc and sensor networks，SASN' 05，pp. 11–21. ACM，New York，NY，USA（2005）. doi: 10. 1145/1102219. 1102223. http：//dx.doi.org/10. 1145/1102219. 1102223

189. Raya，M.，Papadimitratos，P.，Hubaux，J.P.: Securing vehicular communications. IEEE Wirel. Commun. 13（5），8–15（2006）

190. Rodriguez，P.，Spanner，C.，Biersack，E.: Analysis of Web caching architectures: hierarchical and distributed caching.

IEEE/ACM Trans. Netw. 9（4），404–418（2001）. doi：10.1109/ 90.944339

191. Roman，R.，Najera，P.，Lopez，J.：Securing the Internet of Things. Computer 44（9），51–58（2011）. doi：10.1109/ MC.2011.291

192. Ruggie，J.G.：Reconstituting the global public domainissues，actors，and practices. Eur. J. Int. Relat.10（4），499– 531（2004）

193. Saaty，T.L.：Decision Making for Leaders：The Analytic Hierarchy Process for Decisions in a Complex World. RWS Publications，Pittsburgh，Pennsylvania（1999）

194. Salehie，M.，Tahvildari，L.：Self-adaptive software：Landscape and research challenges. ACM Trans. Auton. Adapt. Syst. 4（2），14：1–14：42（2009）

195. Samanthula，B.K.，Chun，H.，Jiang，W.，McMillin，B.M.：Secure and threshold-based power usage control in smart grid environments. Int. J. Parallel Emerg. Distrib. Syst.（ahead-of-print），1–26（2013）

196. Sanger，D.E.：Obama order sped up wave of cyberattacks against iran. The New York Times 1（06），2012（2012）

197. Sarikaya，B.，Ohba，Y.，Moskowitz，R.，Cao，Z.，Cragie，R.：Security Bootstrapping Solution for Resource-Constrained Devices. Technical Report，CoRE Internet draft（2013）

198. Sarma，A.，Matos，A.，Girão，J.，Aguiar，R.L.：Virtual identity framework for telecom infrastructures. Wirel. Pers.

Commun. 45（4），521–543（2008）

199. Sarma，A.C.，Girão，J.: Identities in the future internet of things. Wirel. Pers. Commun. 49（3），353–363（2009）

200. Sarma，S.，Brock，D.L.，Ashton，K.: The networked physical world. Auto-ID Center White Paper MIT-AUTOID-WH-001（2000）

201. Schaar，P.: Privacy by design. Identity in the information society 3（2），267–274（2010）. doi: 10.1007/s12394-010-0055-x. http: //dx.doi.org/10.1007/s12394-010-0055-x

202. Schilit，B.，Adams，N.，Want，R.: Context-aware computing applications. In: First Workshop on Mobile Computing Systems and Applications，1994. WMCSA 1994，pp. 85–90. IEEE（1994）

203. Schilit，B.N.，Theimer，M.M.: Disseminating active map information to mobile hosts. IEEE Netw. 8（5），22–32（1994）

204. Shelby，Z.，Hartke，K.，Bormann，C.，Frank，B.: Constrained Application Protocol（CoAP），draft-ietf-core-coap-13. The Internet Engineering Task Force-IETF，Dec，Orlando（2012）

205. Simmhan，Y.L.，Plale，B.，Gannon，D.: A survey of data provenance in e-science. SIG-MOD Rec. 34（3），31–36（2005）. doi: 10.1145/1084805.1084812. http: // doi.acm. org/10.1145/1084805.1084812

206. Simon，D.，Franco，Z.，Spyros，D.，Antonio，F.，Dominique，G.，Erol，G.，Fabio，M.: A survey of autonomic communications. ACM Trans. Auton. Adapt. Syst.（TAAS）1（2），

223–259（2006）

207. Sloman，M.: Policy driven management for distributed systems. J. Netw. Syst. Manag. 2（4），333–360（1994）

208. Steinberg，J.: These devices may be spying on you（Even In Your Own Home）（2014）. http: //www.forbes.com/sites/ josephsteinberg/2014/01/27/these-devices-may- be-spying-on-you-even-in-your-own-home/

209. Stoica，I.，Morris，R.，Karger，D.，Kaashoek，M.F.， Balakrishnan，H.: Chord: A scalable peer-to-peer lookup service for internet applications. In: ACM SIGCOMM Computer Communication Review，vol. 31，pp. 149–160. ACM（2001）

210. Sumra，I.A.，Ab Manan，J.L.，Hasbullah，H.: Timing attack in vehicular network. In: Proceedings of the 15th WSEAS International Conference on Computers，World Scientific and Engineering Academy and Society（WSEAS），Corfu Island， Greece，pp. 151–155（2011）

211. Sumra，I.A.，Ahmad，I.，Hasbullah，H.，Manan， J.l.B.A.: Classes of attacks in vanet. In: Electronics， Communications and Photonics Conference（SIECPC），2011 Saudi International，pp. 1–5. IEEE（2011）

212. Sundmaeker，H.，Guillemin，P.，Friess，P.，Woelfflé，S.: Vision and challenges for realising the Internet of Things. EUR-OP （2010）

213. Tan，L.，Wang，N.: Future Internet: The Internet of Things. In: 3rd International Conference on Advanced Computer

Theory and Engineering（ICAC TE），2010，vol. 5，pp. V5–376. IEEE（2010）

214. Teixeira，T.，Hachem，S.，Issarny，V.，Georgantas，N.：Service Oriented middleware for the internet of things：a perspective. In：Proceedings of the 4th European Conference on Towards a Service-based Internet，ServiceWave' 11，pp. 220–229. Springer-Verlag，Berlin，Heidelberg（2011）. http：//dl.acm.org/ citation.cfm?id=2050869. 2050893

215. Thornburgh，T.：Social engineering：the "Dark Art". In：Proceedings of the 1st Annual Conference on Information Security Curriculum Development，InfoSecCD' 04，pp. 133–135. ACM，New York，NY，USA（2004）. doi：10.1145/1059524.1059554. http：//doi.acm.org/10.1145/1059524.1059554

216. Vermesan，O.，Friess，P.：Internet of Things：Converging Technologies for Smart Environments and Integrated Ecosystems. River Publishers（2013）

217. Vermesan，O.，Friess，P.，Guillemin，P.，Gusmeroli，S.，Sundmaeker，H.，Bassi，A.，Jubert，I.S.，Mazura，M.，Harrison，M.，Eisenhauer，M.，et al.：Internet of Things Strategic Research Roadmap. Internet of Things-Global Technological and Societal Trends pp. 9–52（2011）

218. Vermesan，O.，Friess，P.，Woysch，G.，Guillemin，P.，Gusmeroli，S.，Sundmaeker，H.，Bassi，A.，Eisenhauer，M.，Moessner，K.：Europe IoT Strategic Research Agenda 2012. Chapter 2 in the Internet of Things 2012 New Horizons（2012）

219. Wang, J.P., Bin, S., Yu, Y., Niu, X.X.: Distributed trust management mechanism for the Internet of Things. Appl. Mech. Mater. 347, 2463–2467 (2013)

220. Warren, S.D., Brandeis, L.D.: The right to privacy. Harv. Law Rev. 4 (5), 193–220 (1890)

221. Weber, R.H.: Accountability in the Internet of Things. Comput. Law Secur. Rev. 27 (2), 133–138 (2011) . doi: 10.1016/ j.clsr. 2011. 01. 005. http: // www.sciencedirect.com/ science/ article/ pii/S 0267364911000069

222. Weber, R.H., Weber, R .: Governance of the Internet of Things. In: Internet of Things, pp. 69–100. Springer (2010)

223. Winter, T., Thubert, P., Brandt, A., Hui, J., Kelsey, R., Levis, P., Pister, K., Struik, R., Vasseur, J., Alexander, R.: IPv6 Routing Protocol for Low-Power and Lossy Networks. Technical Report, Internet Engineering Task Force (IETF) (2012)

224. Wortham, J.: More Employers Use Social Networks to Check Out Applicants. The New York Times (2009)

225. Xiao, B., Yu, B., Gao, C.: Detection and localization of sybil nodes in VANETs. In: DIWANS' 06 : Proceedings of the 2006 workshop on Dependability issues in wireless ad-hoc networks and sensor networks, pp. 1–8. New York, NY, USA (2006)

226. Xiaodong, L., R ongxing, L.: Xuemin (Sherman), S., Yoshiaki, N., Nei, K.: SAGE: a strong privacy-preserving scheme against global eavesdropping for eHealth systems. IEEE J. Sel. Areas Commun. 27 (4), 365–378 (2009)

227. Ye, F., Adams, M., Roy, S.: V2V wireless communication protocol for rear-end collision avoidance on highways. In: IEEE International Conference on Communications Workshops, 2008. ICC Workshops' 08, pp. 375–379. IEEE (2008)

228. Zaslavsky, A.: Internet of Things and Ubiquitous Sensing (2014).https: // www.computer.org/portal/web/computingnow/archive/september 2013

229. Zaslavsky, A.B., Perera, C., Georgakopoulos, D.: Sensing as a Service and Big Data. CoRR (2013). arXiv: abs/1301.0159

230. Zeadally, S., Hunt, R., Chen, Y.S., Irwin, A., Hassan, A.: Vehicular ad hoc networks (vanets): status, results, and challenges. Telecommun. Syst. 50 (4), 217–241 (2012)

231. Zhang, B., Zou, Z., Liu, M.: Evaluation on security system of internet of things based on Fuzzy-AHP method. In: International Conference on E-Business and E-Government (ICEE) 2011, 1–5 (2011). doi: 10.1109/ICEBEG.2011.5881939

232. Zhang, B., Zou, Z., Liu, M.: Evaluation on security system of Internet of Things based on Fuzzy-AHP method. In: International Conference on E-Business and E-Government (ICEE), 2011, pp. 1–5. IEEE (2011)

233. Zhou, L., Wen, Q., Zhang, H.: Preserving sensor location privacy in Internet of Things. In: Fourth International Conference on Computational and Information Sciences (ICCIS) 2012, 856–859 (2012). doi: 10.1109/ ICCIS.2012.210

234. Zhou，T.，C houdhury，R.R.，Ning，P.，C hakrabarty，K.：Privacy-preserving detection of Sybil attacks in vehicular ad hoc networks. In: Fourth Annual International Conference on Mobile and Ubiquitous Systems: Networking & Services，2007. MobiQuitous 2007，pp. 1–8. IEEE（2007）